U0873263

示范性职业教育
“十四五”重点建设教材

核电电气仪表安装与调试

主　编◎王二超　李　林
副主编◎李冬梅　骆作海　徐振平　牛建民

西南交通大学出版社
·成　都·

内容简介

本书从仪表在工业中的实践应用出发，对目前控制过程使用的热工仪表进行系统阐述，分别介绍了测量基础知识，温度、压力、流量、物位、液位等测量方法和测量仪表，着重强调仪表在核电站的安装方法、校验方法、图纸识别与调试方法的应用。

本书可作为电气自动化技术、工业自动化仪表、生产过程自动化技术、检测技术及应用等专业学生的教材，也可为从事检测仪表设计、使用、维护和管理的工作人员提供参考。

图书在版编目（CIP）数据

核电电气仪表安装与调试 / 王二超，李林主编. —成都：西南交通大学出版社，2021.2（2024.6 重印）
ISBN 978-7-5643-7942-1

Ⅰ. ①核… Ⅱ. ①王… ②李… Ⅲ. ①核电厂－仪表－设备安装－职业教育－教材②核电厂－仪表－调试方法－职业教育－教材 Ⅳ. ①TM623

中国版本图书馆 CIP 数据核字（2020）第 271128 号

示范性职业教育"十四五"重点建设教材
Hedian Dianqi Yibiao Anzhuang yu Tiaoshi
核电电气仪表安装与调试

主编 王二超 李林

责任编辑 刘 昕
封面设计 GT 工作室

出版发行 西南交通大学出版社
（四川省成都市金牛区二环路北一段 111 号
西南交通大学创新大厦 21 楼）
邮政编码 610031
发行部电话 028-87600564 028-87600533
网址 http://www.xnjdcbs.com
印刷 四川煤田地质制图印刷厂

成品尺寸 185 mm × 260 mm
印张 10
字数 204 千
版次 2021 年 2 月第 1 版
印次 2024 年 6 月第 2 次
定价 32.00 元
书号 ISBN 978-7-5643-7942-1

课件咨询电话：028-81435775
图书如有印装质量问题 本社负责退换

前言
PREFACE

核电是清洁、高效、安全的能源，是国家能源发展“十三五”规划的重要建设内容。目前，我国建成投产的核电站有秦山、大亚湾、岭澳、田湾等 38 个核电站共 40 台机组。未来 10 年，我国需新增并网机组 90 ~ 120 台，平均每年新增 6.5 ~ 8.5 台，因此需要大量的核电建设专业人才。

本书主要从核电现场仪表的安装与调试，并结合仪表在工业中的实践应用出发，以培养高素质技能型人才为目的，深入浅出地介绍了核电站应用的温度测量仪表、压力测量仪表、流量测量仪表、物位测量仪表以及智能变送器的基本原理，着重阐述了它们在使用过程中的相关特性以及选用、安装、校验等实用技术及常见故障的判断、维护等知识。编写过程也注意了对近年来生产中采用的新方法和新设备的应用介绍。

本书大部分内容都取自核电建设现场实践中的工作总结，依据相关的国家标准和核电行业规程，同时也参考了核电的规章制度，在编写时借鉴了国内同行的图书资料，得到了学校的资助与支持，中核二三建设有限公司也提供了巨大的帮助，在此一并表示感谢。

本书由王二超、李林担任主编，编写了第二章和第三章；牛建民、李冬梅、骆作海、徐振平担任副主编，其中牛建民编写第六章，李冬梅编写第一章，骆作海编写第四章，徐振平编写第五章。

由于时间仓促，编写队伍水平也有限，疏漏之处在所难免，敬请广大读者批评指正。

编者

2020.11

目录 CONTENTS

第一章 测量基础知识

学习目标

【知识目标】

（1）认识热工测量的基本知识；

（2）掌握测量的基本方法；

（3）认识测量误差，能够对误差进行分析和处理；

（4）掌握仪表的静态性能指标。

【技能目标】

（1）能够对测量误差进行分析和处理；

（2）能够正确认识测量仪表的精度等级。

【素养目标】

（1）培养工作中严细负责的工作作风；

（2）认识精准测量在工作中的重要性。

热工测量仪表是用于生产中热工过程的测量仪表，在各种热力设备上自动检测温度、压力、流量和物位等热工参数，并为自动调节和控制这些参数乃至整个生产过程提供精确可靠的信息。

热工测量仪表由感受件、中间件和显示件组成。感受件直接与被测对象相联系，感受被测参数的变化，并将被测参数信号转换成相应的便于进行测量和显示的信号输出；中间件将感受件输出的信号直接传输给显示元件，或进行放大和转换，使之成为适应显示元件的信号；显示件向观察者反映被测参数的量值和变化。

一、测　量

（1）测量是人们借助专门工具，通过试验和对试验数据的分析计算，将被测量 x_0 以测量单位 U 的倍数 μ 显示出来的过程，即

$$x_0 = \mu U \tag{1-1}$$

式中　μ——被测量的真实数值，简称真值。

（2）被测量的真值 μ 只能近似地等于其测量值 x：

$$x_0 \approx xU \tag{1-2}$$

（3）热工测量是指压力、温度等热力状态参数的测量，通常还包括一些与热力生产过程密切相关的参数的测量，如测量流量、液位、振动、位移、转速和烟气成分等。

二、测量方法

（一）按测量结果的获取方式来分

1. 直接测量法

使被测量直接与测量单位进行比较，或者用预先标定好的测量仪器进行测量，从而得到被测量数值的测量方法，称为直接测量法。

2. 间接测量法

通过直接测量与被测量有某种确定函数关系的其他各变量，再按函数关系进行计算，从而求得被测量数值的方法，称为间接测量法。

（二）按被测量与测量单位的比较方式来分

1. 偏差测量法

测量器具受被测量的作用，其工作参数产生与初始状态的偏离，由偏离量得到被测量值，称为偏差测量法。

2. 微差测量法

此方法用准确已知的、与被测量同类的恒定量去平衡掉被测量的大部分，然后用

偏差法测量余下的差值，测量结果是已知量值和偏差法测得值的代数和。

3. 零差测量法

此方法用作比较的量是准确已知并连续可调的，测量过程中使它随时等于被测量，也就是说，使已知量和被测量的差值为零，这时偏差测量仅起检零作用，因此，被测量就是已知的比较量。

三、测量误差

测量误差是被测量参数的测量值 x 与其真值 μ 的之差。

真值常用的方法有

（1）用标准物质（标准器）所提供的标准值，例如水的三相点。

（2）用高一级的标准仪表测量得到的值来近似作为真值。

（3）对被测量进行 N 次等准确度测量，测量值的算术平均值近似为真值。N 越大，越接近真值。

常见的测量误差表达方式：

（1）绝对误差。

绝对误差是指仪表的测量值与被测量的真实值之间的差值，即

$$\delta = x - x_0 \tag{1-3}$$

（2）实际相对误差。

$$\gamma_{x_0} = \frac{\delta}{x_0} \times 100\% = \frac{x - x_0}{x_0} \times 100\% \tag{1-4}$$

（3）标称相对误差。

$$\gamma_x = \frac{\delta}{x} \times 100\% = \frac{x - x_0}{x} \times 100\% \tag{1-5}$$

（4）折合误差

$$\gamma_A = \frac{\delta}{A_{max} - A_{min}} \times 100\% \tag{1-6}$$

折合误差一般用于比较测量仪表的优劣。折合误差也称为引用误差。

四、测量系统

为了实现一定的测量目的，将测量设备按一定方式进行组合的系统称为测量系统，也称检测系统。

1. 传感元件

（1）输出信号必须随被测参数的变化而变化，即要求传感元件的输出信号与输入

的被测信号之间有稳定的单值函数关系，最好是线性关系，而且可复现。

（2）非被测量对传感元件输出的影响应小得可以忽略，若不能忽略，将造成测量误差。在这种情况下，一般要附加补偿装置进行补偿或修正。

（3）传感元件需尽量少地消耗被测对象的能量，并且不干扰被测对象的状态或者干扰极小。

2. 传送变换元件

（1）单纯起传输作用。

（2）将感受件输出的信号放大，以满足远距离传输以及驱动显示、记录装置的需要。

（3）为了使各种感受件的输出信号便于与显示仪表和调节装置配接，传送变换元件通过变换件把信号转换成标准化的统一信号，各种感受件的输出信号都被转换成统一数值范围的气、电信号。这时的传送元件常称为变送器。这样，同一种类型的显示仪表通常可用来显示不同类型的被测量。

3. 显示元件

显示元件的作用是向观测者显示被测参数的量值。

（1）模拟式显示。

（2）数字式显示。

（3）屏幕画面显示。

五、测量误差的分析与处理

根据性质的不同测量误差可分为系统误差、随机误差和疏忽误差。

（一）系统误差

1. 系统误差的概念

在同一条件下（同一观测者、同一台测量器具、相同的环境条件等），多次测量同一被测量，绝对值和符号保持不变或按某种确定规律变化的误差，其可分为恒值系统误差和变值系统误差。

2. 产生原因

（1）测量仪表本身的原因。

（2）仪表使用不当。

（3）测量环境条件发生较大改变。

3. 消除系统误差的一般方法

（1）消除系统误差的来源。

在测量工作投入之前，仔细检查测量系统中各环节的安装及连接线路，使其达到规定要求，尽量消除误差的来源。

（2）在测量结果中加修正值。

对不能消除的系统误差，在测量之前，对检测系统中的各仪表进行检定，确定出修正值。对各种影响量如温度、气压、湿度等要求确定修正公式、修正曲线或修正表格以便对测量结果进行修正。

（3）采用补偿措施。

在检测系统中加装补偿装置（或自动补偿环节），以便在测量中自动消除系统误差。

（4）改善测量方法。

采用较完善的测量方法，消除或减少系统误差对测量结果的影响，常用两种方法。

① 交换法。交换法是消除定值系统误差的常用方法，也叫对置法。此种方法的实质是交换某些测量条件，使得引起定值系统误差的原因以相反方向影响测量结果，从而消除其影响。

② 对称法。对称法是消除线性系统误差的有效方法。

（二）随机误差

1. 随机误差的概念

在相同条件下多次测量同一被测量时，绝对值和符号不可预知地变化着的误差称为随机误差。

误差的大小和正、负都是不确定的。

2. 产生原因

随机误差大多是由测量过程中大量彼此独立的微小因素对测量影响的综合结果造成的。

（三）疏忽误差

1. 疏忽误差的概念

明显歪曲了测量结果，使该次测量失效的误差称为疏忽误差。含有疏忽误差的测量值称为坏值。

2. 产生原因及处理

出现坏值的原因有测量者的主观过失，如读错、记错测量值；操作错误；测量系统突发故障等。

处理：存在这类误差的测量值应当剔除。

六、仪表或测量系统的静态性能指标

（一）准确度

这是表征仪表指示值接近被测量值程度的质量指标。

1. 仪表的示值误差

绝对误差 δ：

$$\delta = x - \mu \tag{1-7}$$

相对误差 γ：

$$\gamma = \frac{x-\mu}{|\mu|}\times 100\% = \frac{\delta}{|\mu|}\times 100\% \approx \frac{\delta}{x}\times 100\% \tag{1-8}$$

2. 仪表的基本误差

在规定的工作条件下，仪表量程范围内各示值误差中的绝对值最大者：

$$\delta_j = \pm|\delta_{\max}| \tag{1-9}$$

仪表的折合误差

$$\gamma_{y\max} = \frac{\pm|\delta_{\max}|}{A}\times 100\% \tag{1-10}$$

超出正常工作条件引起的误差称为仪表的附加误差。

3. 仪表的准确度等级

某类仪表在正常工作条件下，为了保证质量，对各类仪表人为规定了其基本误差不能超过的极限值，此极限值称为该类仪表的允许误差。

工业仪表准确度等级的国家标准系列有 0.005、0.01、0.02、0.04、0.05、0.1、0.2、0.4、0.5、1.0、1.5、2.5、4.0、5.0 等。仪表刻度盘上应标明该仪表的准确度等级。数字越小，准确度越高。

仪表最大折合误差表示的允许误差去掉百分号后余下的数字值为该仪表的准确度等级。

仪表的允许误差 = ± 准确度等级%。

（二）变 差

输入量上升（正行程）和下降（反行程）时，同一输入量相应的两输出量平均值之间的最大差值与量程之比的百分数称为仪表的变差。

$$\gamma_b = \frac{|\Delta H_{\max}|}{A}\times 100\% \tag{1-11}$$

（三）线性度（或非线性误差）

实际特性曲线往往偏离线性关系，它们之间最大偏差的绝对值与量程之比的百分数，称为线性度。

（四）重复性和重复性误差

同一工作条件下，多次按同一方向输入信号做全量程变化时，对应于同一输入信号值，仪表输出值的一致程度称为重复性。对于全范围行程，在同一工作条件下从同方向对同一输入值进行多次连续测量所获得的输出两极限值之间的代数差或均方根误差称为重复性误差，它通常以量程的百分数表示。

（五）分辨率

引起仪表示值可察觉的最小变动所需的输入信号的变化，称仪表的分辨率。也称灵敏限或鉴别阀。

（六）灵敏度

仪表在到达稳态后，输出增量与输入增量之比，称为仪表的灵敏度。

（七）漂　移

在保持工作条件和输入信号不变的条件下，经过规定的较长一段时间后输出的变化，称为漂移，它以仪表量程各点上输出的最大变化量与量程之比的百分数来表示。

（八）仪表的检定

检定是为了评定仪表的计量性能，并与规定的指标比较，以确定仪表是否合格。进行检定工作应遵循国家法定性技术文件：国家计量检定规程。规程详细规定了被检仪表的技术条件，检定用的标准测量器具和设备，检定项目、方法和步骤，检定结果处理，检定证书的格式和填写要求等。

检定方法主要有定点法和示值比较法。

定点法是提供被检仪表测量所需的某种标准量值，例如已知的某种纯金属相变点温度、标准成分气样等，从而确定仪表的示值误差。

示值比较法就是使被检仪表与标准仪表同时去测量同一被测量，比较两者的指示值，从而确定被检仪表的基本误差、变差等质量指标。

一般要求标准仪表的测量上限应等于或稍大于被检仪表的测量上限。标准仪表的允许误差为被检仪表误差的 1/10 ~ 1/3。在这种情况下，可以忽略标准仪表的误差。将标准仪表的指示值作为被测量的真值。

检定点常常取在仪表标尺的整数分度值（包括上、下限）上和经常使用的标尺刻度附近，必要时可适当加密检定点。

课后习题

（1）简述产生误差的原因。

（2）什么叫系统误差、随机误差、疏忽误差？它们各有什么特点？产生的原因是什么？

（3）仪表的静态性能指标有哪些？各自的含义是什么？

第二章 温度测量及仪表

学习目标

【知识目标】

（1）了解热电阻温度传感器的特性及结构；

（2）掌握热电偶及其应用；

（3）了解膨胀式温度工作原理机应用。

【技能目标】

（1）了解热电阻温度传感器的特性及结构；

（2）掌握热电偶及其应用；

（3）掌握膨胀式温度计及其应用。

【素养目标】

（1）培养团队精神和集体主义观念；

（2）养成安全工作的习惯。

第一节　温度测量概述

一、温　度

温度是表征物体冷热程度的物理量，是描述系统不同自由度能量分布状况的物理量，也是描述热平衡系统冷热程度的物理量。

二、温度测量

1. 温度测量的基本概念

温度的定义：表征分子热运动的程度的物理量。

2. 温　标

衡量温度大小的标尺：

（1）摄氏，°C；

（2）热力学，K；

（3）华氏，°F。

三、温　标

温标是衡量物体温度高低的标尺，它规定了用数值表示温度的一套规则，确定了温度的单位。

国际实用温标是用来复现热力学温标的，90 国际实用温标自 1990 年 1 月 1 日起使用。

90 国际实用温标（ITS—90）的内容如下：

（1）基本的物理量为热力学温度，符号为 T，其单位为开尔文，单位符号为 K。它规定水的三相点热力学温度为 273.16 K，1 K 等于水三相点热力学温度的 1/273.16。沿袭习惯，温度也可以用摄氏温度表示，其符号为 t，单位为摄氏度（°C）。它定义为 $t = T - 273.15$。

（2）ITS—90 包含的温度范围自 0.65 K 至单色辐射温度计可测量的最高温度。其定义了 17 个固定点和温度点，包括 14 种纯物质的三相点、熔点和凝固点以及 3 个用蒸汽温度计或气体温度计测定的温度点。

（3）ITS—90 将温区划分为 4 段，规定了每段温度范围内复现热力学温标的基准仪器。

0.65 K ~ 5.0 K 的基准仪器为 ^3He 或 ^4He 蒸汽压温度计；

3.0 K ~ 24.556 1 K 的基准仪器为 ^3He 或 ^4He 定容气体温度计；

13.803 3 K ~ 961.78 °C 的基准仪器为铂电阻温度计；

961.78 °C 以上温区的基准仪器为光学或光电高温计。

（4）规定了基准仪器的示值与国际温标温度之间的插补公式。

1990 年国际温标定义了两种温度，即国际开尔文温度和国际摄氏温度，它们的符号分别为 T_{90} 和 t_{90}。T_{90} 的单位符号是 K，t_{90} 的单位符号为°C。它们的换算关系为

$$t_{90}(°\mathrm{C}) = T_{90}(\mathrm{K}) - 273.15$$

由上式可知，两种温度的实质是一样的，都是热力学温度，只是计算温度的起点不同，国际开尔文温度的起点是"绝对零度"，而国际摄氏温度则以水的三相点温度（0 °C）为起点，它们彼此只相差一个参数 273.15。

四、温度计的分类

通常温度计分为接触式和非接触式两大类，前者敏感元件与被测对象直接接触，输出与温度变化相适应的信号，后者测温元件不与被测介质接触。常用的温度计及工作原理如表 2-1 所示。

表 2-1 常用温度计原理与特点

温度计的分类		工作原理	常用测温范围/°C	主要特点
接触式仪表	膨胀式温度计： （1）液体膨胀式； （2）固体膨胀式	利用液体（水银、酒精等）或固体（金属片）受热时产生热偏差的特性	−200 ~ 700	结构简单，价格低廉，一般用作就地测温
	压力式温度计： （1）气体式； （2）液体式； （3）蒸汽式	利用封闭在一定容积中的气体、液体或某些液体的饱和蒸汽受热时其体积或压力变化的性质	0 ~ 300	结构简单，具有防爆性，不怕振动，可作远距离传示，准确度低，滞后性较大
	热电阻温度计	利用导体或半导体受热后电阻值变化的性质	−200 ~ 650	准确度高，能远距离传送，适于低、中温测量；测点温较困难
	热电偶温度计	利用物质的热电特性	0 ~ 1 600	测温范围广，能远距离传送，适于高、中温测量；需进行冷端温度补偿；低温段测量准确度较低
非接触式仪表	辐射式温度计： （1）光学式； （2）比色式； （3）红外式	利用物体辐射能随温度变化的性质	600 ~ 2 000	测温范围广，能远距离传送，适于高温测量且不能直接测温的场合，准确度受环境影响较大，对结果需进行修正

电厂常用的温度计是热电偶温度计、热电阻温度计、膨胀式温度计（双金属）和压力式温度计。

第二节　温度测量原理

一、热电偶的测温原理

1. 热电势

两种不同的导体材料（或半导体）A、B组成的闭合回路可形成热电势（见图2-1）。接触时，存在电子的迁移，达到平衡时，在接触的两端形成电势。

（1）可用于点温度的测量；

（2）只与材料和温度有关，与热电偶的长度、直径无关；

（3）接触电势和温差电势组成。

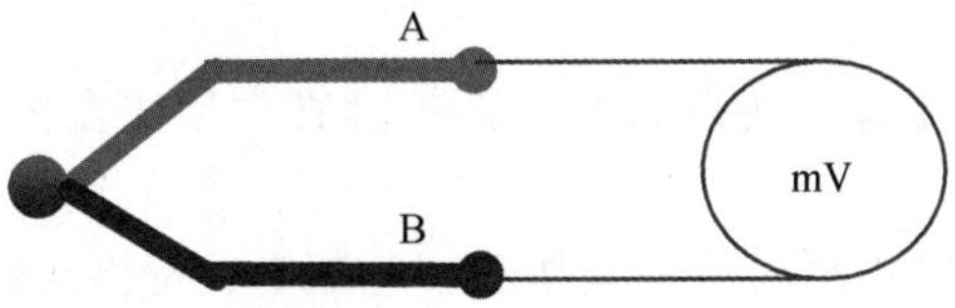

图2-1　热电偶原理

2. 热电偶基本定律

两种均质金属组成的热电偶，其电势大小与热电级直径、长度和沿热电级长度上的温度分布无关，只与热电级材料和两端温度有关。

热电势大小是两端温度的函数差，如果两端温度相等，则热电势为零。

3. 热电偶基本定律的推论

（1）热电偶必须用两种性质不同的热电级构成。

（2）若热电级材料的性质不均匀，即当热电级温度分布不同时，热电偶将产生附加电势。

所以根据附加热电势检查热电极材料是否均匀，从而衡量热电偶质量的高低。

4. 中间导体定律

在热电偶回路中接入第3种均质导体后，只要保证所接入导体两端温度相同，就不会影响热电偶的热电势。

5. 中间温度定律与连接导体定律

（1）已知热电偶在某一给定冷端温度下进行分别度量，只要引入适当修正，就可以在另外的冷端温度下使用。这就为制定热电偶的热电势-温度关系温度表奠定了理论基础。

（2）和热电偶具有同样热电性质的补偿导线可以引入热电偶的回路中，相当于把热电偶延长而不影响热电偶的热电势。这就为工业测温中应用补偿导线提供了理论依据。

二、标准化热电偶及其分度号

（1）热电偶的分度号有主要有 S、R、B、N、K、E、J、T 等几种。其中 S、R、B 属于贵金属热电偶，如铂铑 10-铂热电偶（S）、铂铑 30-铂铑 6（B）热电偶；N、K、E、J、T 属于廉金属热电偶，如镍铬-镍硅（K）热电偶。

（2）K 分度号的特点是抗氧化性能强，宜在氧化性、惰性气体中连续使用，长期使用温度为 1 000°C，短期为 1 200°C，在所有热电偶中使用最广泛。

（3）在所有热电偶中，S 分度号的精确度等级最高，通常用作标准热电偶。

三、热电偶的构造

1. 普通型热电偶的构造

普通型热电偶由热电极、绝缘材料、保护套管、接线盒构成。

（1）热电极。

热电偶的热电极直径由材料的机械强度、电导率、价格及热电偶的用途和测量范围等决定。采用的贵金属直径很细，为 0.350 ~ 0.65 mm；采用廉价金属，其直径为 1 ~ 2 mm。热电偶的长度可根据实际需要来决定，普通插入式热电偶的长度可为 300 ~ 2 150 mm。

（2）绝缘材料。

在热电偶的两根电极上套有绝缘材料，其作用是防止两根电极之间和电极与保护套管之间发生短路。

常用绝缘材料为橡皮、塑料等，最常用的绝缘材料为瓷管和高温瓷管，其结构有单孔、双孔、四孔，孔的大小根据热电极的直径而定。

（3）保护套管。

热电偶的热电极（包括绝缘管）装在保护套管中，使热电极避免遭受有害气体的腐蚀、玷污及机械损伤，防止或减小火焰与气流的冲刷和辐射，保护热电极。

对保护套管材料的要求是耐腐蚀、不渗透气体、不与氧化性和还原性气体发生化学反应、耐酸碱腐蚀、热惯性小、能承受温度剧变、价格低。

常用的保护套管材料：铜、20 号碳钢、镍铬合金。

（4）接线盒。

其主要作用是防止灰尘和水、汽的侵入，便于热电偶与补偿导线或导线连接。接线盒用铝合金材料制成，装在保护套管的尾部，接线盒的上部有垫片或垫圈加以密封。

2. 铠装热电偶的构造

铠装热电偶是由热电极、绝缘材料和金属套管 3 者组合而成的坚实结合体。铠装热电偶的套管材料为铜、不锈钢或镍基高温合金等。在热电偶与套管之间填满氧化粉末绝缘材料，套管中的热电极有单丝、双丝和四丝，互不接触。

热电偶的种类有铂铑 10-铂、铂铑 30-铂铑 6、镍铬-镍硅等，目前生产的铠装热电偶，其外径为 12 ~ 25 mm，长度可达 100 m 以上。

耐高温耐腐蚀热电偶，以特殊金属陶瓷材料作为外保护套管，采用复合型结构，使用温度为 1 600 °C，具有良好的耐高温、抗气流冲击、抗氧化性能，主要用于高温加热炉、裂解炉、尾气焚烧炉、焦化炉等装置的测温。

吹气型热电偶，其铠装热电偶感温元件和外保护管之间构成一定的气路，在气路中，通入一定压力的惰性气体，以排除或减少热电偶在高温、高压条件下还原气体的渗入。

第三节　膨胀式温度计

膨胀式温度计是利用物体受热膨胀的原理制成的温度计，主要有液体膨胀式温度计、固体膨胀式温度计和压力式温度计 3 种。

一、温度计的分类和形式

热电偶温度计，是以热电效应为基础的测温仪表。

热电阻温度计，是利用热电阻作为测温元件的温度计，由热电阻和显示仪表（动圈仪表或自动平衡电桥等）组成，其间用导线相连，将电阻变化信息传输给显示仪表，以反映被测温度。

辐射式温度计，属非接触式测温仪表，是基于物体的热辐射特性与温度之间的对应关系设计而成。

二、膨胀式温度计

1. 玻璃液体温度计

膨胀式温度计之一，利用液体受热膨胀的性质制成，常用的液体有水银和酒精，广泛用于测量 – 200 ~ 500 °C 的温度。

（1）优点和缺点。

玻璃液体温度计是最常用，也是最简单，最便宜的温度计，如图 2-2 所示。

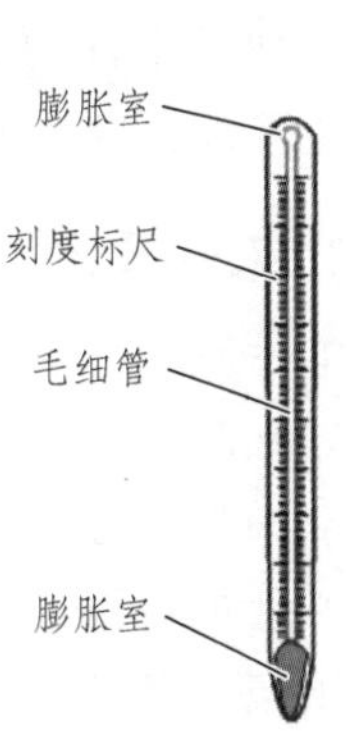

图 2-2　玻璃管液体温度计

这种温度计主要优点是构造简单、使用方便、精度高和价格低廉。缺点是惰性大、能见度低、不能自动记录及远距离传送。

（2）注意事项。

① 温度计不宜平放和平装，保存与安装时都应使玻璃温度计直立，而且测温泡在下部。如果倾斜安装也应使测温泡在下部。

② 使用时应检查液柱是否脱离，测温泡内是否含有气泡，如果液柱脱离可以缓慢加热或微振动进行消除。

③ 对于全浸式温度计，安装深度应满足要求，对于工业用玻璃管温度计，则应将尾部全部插入被测介质中。

④ 被测介质具有一定压力时，应在测温处焊上（或用螺丝旋紧）测温套管以减少热阻，测温套管壁不宜太厚（一般为 1 ~ 2 mm）。

⑤ 测量流体温度时，温度计不能顺向安置，应逆向安放，或与流向垂直或有一定倾斜角，而且测温套管的插入深度要超过中心线。测温泡刚好位于中心线上。

2. 压力式温度计

压力式温度计的工作原理是当温度变化时，工质的体积或压力相应发生变化，以此制成温度计，如图 2-3 所示。

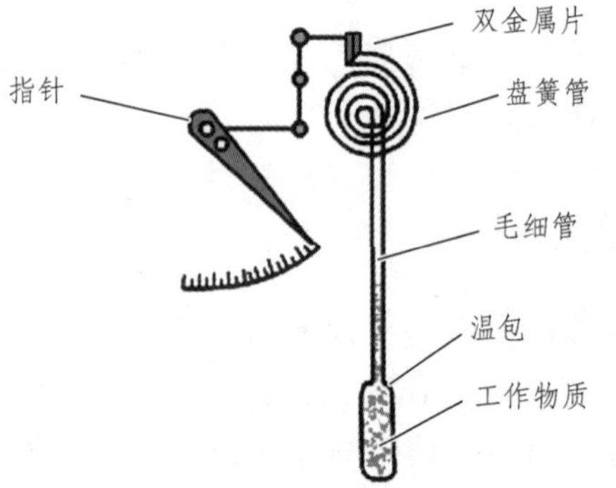

图 2-3　带温度补偿的液体压力式温度计
（温包式温度计）

这种温度计的主要优点是构造简单、防振，可以远距离测量，并可制成自动记录式，主要缺点是损坏后很难修理，不能测点温和表面温度。

3. 双金属温度计

工作原理：

双金属温度计是利用两种不同膨胀系数的金属片 A 和 B 并将其焊接在一起且一端固定。当温度发生变化时，膨胀系数较大的金属片 B 伸长较多，故其未固定端（自由端）必然向膨胀系数较小的金属 A 一方弯曲变形。利用弯曲变形的大小不同，从而可表示出温度的高低不同，如图 2-4 所示。

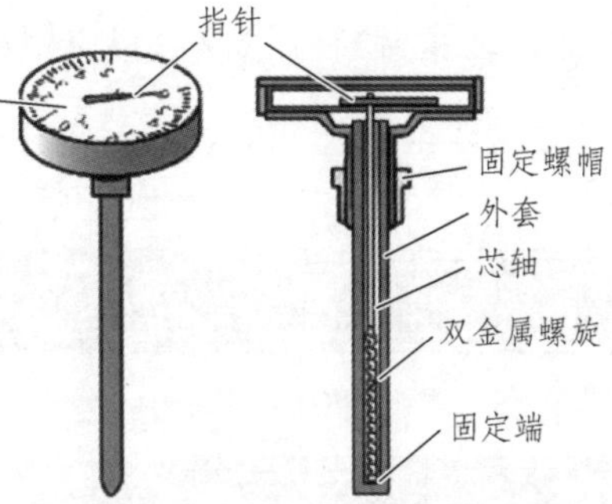

图 2-4　固体膨胀式温度计（双金属温度计）

第四节　热电阻温度计

一、热电阻测温原理

物理学指出，各种材料的电阻率都随温度变化。若忽略物体的长度和截面随温度的变化，则在参比温度 t_0 下的电阻值 R_{t0} 和电阻率的温度系数（简称电阻温度系数）α 已知，可以通过测量此物体的电阻来反映其温度。

二、工业常用热电阻

在我国，标准化的热电阻现有铂的和铜的两种。

1. 分度号

根据规定，工业铂电阻有 Pt10 和 Pt100 两种分度号。
铜热电阻有 Cu50 和 Cu100 两种。

2. 使用特点

铂热电阻用于 – 200 ~ 650 °C 测温，铜热电阻因在高温下易氧化而适用于 50 ~ 150 °C 测温。前者稳定性好，准确度高；后者价格便宜，电阻与温度关系的线性度较好。

三、热电阻构造

与热电偶一样，工业热电阻有普通基型结构和铠装结构两种。它们都由感温元件、引出线、保护套管、接线盒、绝缘材料等组成。热电阻的结构如图 2-5 所示。

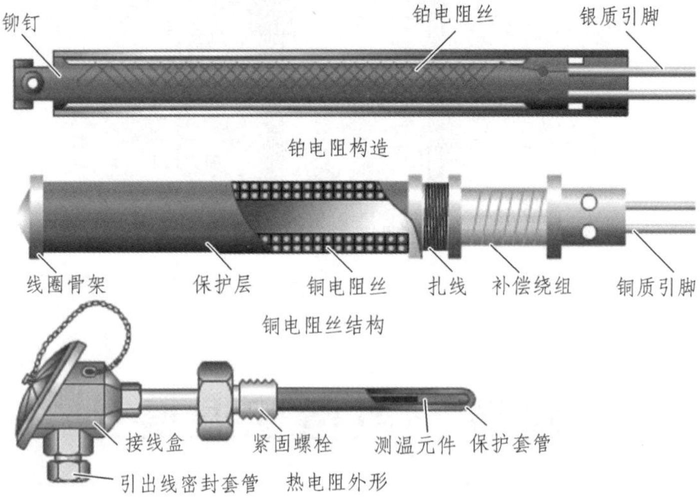

图 2-5　热电阻结构

第五节　热电偶冷端温度补偿

一、概　述

热电偶的热电势是两个接点温度的函数表，只有当冷端温度不变时，热电势才是热端温度的单值函数。

实际应用中，热电偶冷端所处环境温度总有波动，从而使测量得不到正确结果，必须采取补偿措施。

冷端温度处理办法有以下几种：

（1）计算修正法；

（2）仪表机械零点调整法；

（3）恒温法；

（4）补偿法；

（5）多点测量的热电偶冷端温度补偿。

热电偶补偿导线如图 2-6 所示。

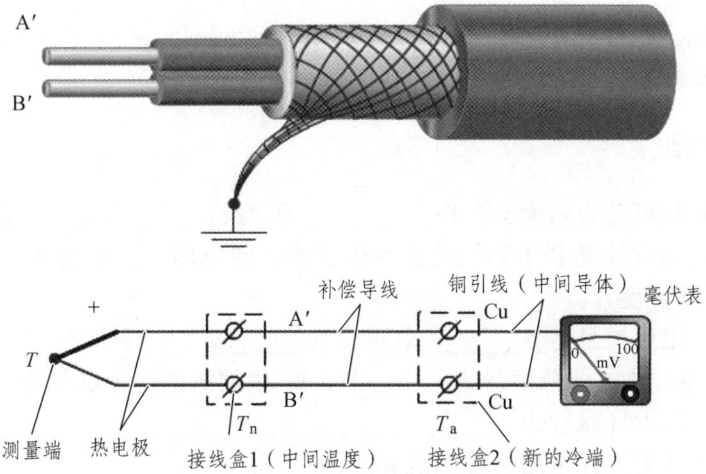

图 2-6　热电偶补偿导线的外形图

二、恒温法

在精密测温中，一般要求热电偶温度保持为 0 °C，通常采用冰点槽。用清洁的水制成冰屑与清洁的水相混合盛于冰点槽的保温瓶内，并使其达到平衡而保持恒定的 0 °C，使用时将热电偶冷端放在插入冰点槽的试管底部。

恒温法是准确度很高的冷端处理方法，然而使用比较麻烦，需要保持冰、水两相。

三、补偿法

补偿法是利用不平衡电桥产生的电压来补偿热电偶冷端温度变化所引起的热电势的变化。

四、热电偶的校验和误差分析

热电偶的误差来源主要有

（1）分度误差：由于热电极材料成分不符要求和材料不均匀等原因，热电偶的热电性质与统一的分度表之间产生分度误差。

（2）补偿导线误差：由于补偿导线和热电极材料在 1 000 °C 以下的热电性质不同而产生误差。

五、热电偶的校验和误差分析

（1）参比端温度变化引起的误差：在利用补偿电桥进行参比温度补偿时，由于不能完全补偿而产生误差。

（2）由于热电极变质，使热电性质变化而产生误差。

课后习题

一、填空题

（1）温度测量可分为两大类，即__________测温和___________测温。

（2）膨胀式温度计是利用物体受热后体积膨胀的原理，其中包括______、______和_______膨胀式温度计。

（3）热力学温度符号为_______，其单位为__________。

（4）镍铬-镍硅热电偶分度号为______型，铁-康铜热电偶分度号为______型。

（5）电阻式温度计原理为____________________________________。

（6）玻璃液体温度计常用的感温液有_______和___________两种。

二、简答题

（1）铠装热电偶在工厂内得到广泛应用，请说明它的优点。

（2）简述玻璃温度计的测温原理。

（3）试述双金属温度计的测温原理。

（4）简述玻璃温度计使用注意事项。

3

第三章 压力测量和仪表

学习目标

【知识目标】

（1）掌握压力概念及定义；

（2）掌握压力的基本换算关系；

（3）掌握压力测量的方法，了解基本分类。

【技能目标】

（1）掌握压力的基本表示方法；

（2）掌握液柱式与弹性式压力计使用；

（3）掌握压力传感器和变送器及其应用；

（4）掌握压力仪表的校验方法与选用。

【素养目标】

（1）培养学生动手操作能力；

（2）学生的独立分析及解决工程问题；

（3）养成安全工作的习惯。

第一节　压力测量及仪表基本知识

一、压力的基本知识

1. 概念及定义

工程技术上，压力对应于物理概念中的压强，即指均匀而垂直作用于单位面积上的力，用符号 p 表示。在国际单位制中，压力的单位为帕斯卡（Pascal），简称帕，用符号 Pa 表示，其物理意义是 1 N 力垂直均匀地作用于 1 m^2 面积上所产生的压力，即 1 Pa = 1 N/m^2。

我国过去使用的压力单位有多种，例如物理大气压（atm）、工程大气压（kgf/cm^2）、毫米水柱（mmH_2O）、毫米汞柱（mmHg）、巴（bar）、托（torr）等。现已推广使用法定计量单位，非法定计量单位已限制使用，但各种压力单位之间的换算关系如表 3-1 所示。

表 3-1　压力单位换算关系表

单位	帕或（牛顿/米 ^{2}）Pa 或(N/m^2)	巴（bar）	毫米水柱*（mmH_2O）	标准大气压（atm）	工程大气压（kgf/cm^2）	毫米汞柱（mmHg）	磅力/英寸 ^{2}（1 bf/in^2）
帕（Pa）	1	1×10^{-5}	1.019 716 $\times10^{-1}$	0.986 923 66 $\times10^{-5}$	1.019 716 $\times10^{-5}$	0.750 06 $\times10^{-2}$	1.450 442 $\times10^{-4}$
巴（bar）	1×10^{5}	1	1.019 716 $\times10^{-4}$	0.986 923 66	1.019 716	0.750 06 $\times10^{3}$	1.450 442 $\times10$
毫米水柱*（mmH_2O）	0.980 665 $\times10$	0.980 665 $\times10^{-1}$	1	0.967 8 $\times10^{-4}$	1×10^{-4}	0.735 56 $\times10^{-1}$	1.422 3 $\times10^{-3}$
标准大气压（atm）	1.013 25 $\times10^{5}$	1.013 25	1.033 227 $\times10^{4}$	1	1.033 2	0.76×10^{3}	1.469 6 $\times10$
工程大气压（kgf/cm^2）	0.980 665 $\times10^{5}$	0.980 665	1×10^{4}	0.967 8	1	0.735 56 $\times10^{-3}$	1.422 398 $\times10$
毫米汞柱（mmHg）	1.333 24 $\times10^{2}$	1.333 24 $\times10^{-3}$	1.359 51 $\times10$	1.316 $\times10^{-3}$	1.359 51 $\times10^{-3}$	1	1.934 $\times10^{-2}$
磅力/英寸 ^{2}（1bf/in^2）	0.689 49 10^{4}	0.689 49 $\times10^{-1}$	0.703 07 $\times10^{3}$	0.680 5 $\times10^{-1}$	0.703 07 $\times10^{-1}$	0.517 15 $\times10^{2}$	1

注：表中各单位除帕、巴以外，均规定重力加速度是以北纬 45°的海平面为标准，其值为 9.806 65 m/s^2。此表是以纵列为基准，读出横排相对应的数值；

*是指水在 4 °C，密度为 1 000 kg/m^3 时的数值。

2. 压力的表示方法

在压力测量中，压力的表示常有表压力、绝对压力、负压力或真空度之分，关系如图 3-1 所示。

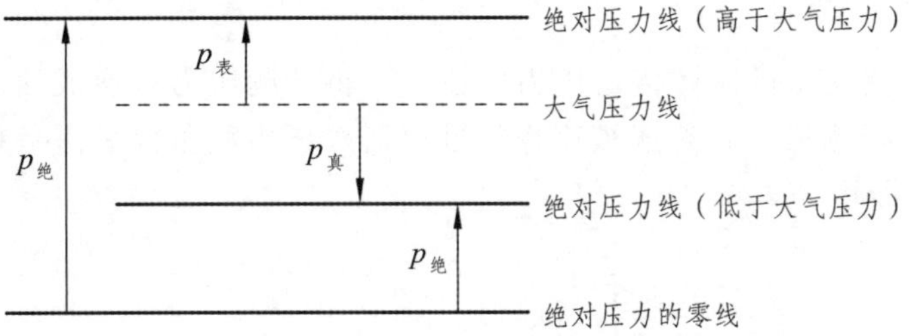

图 3-1　压力不同的表示

表压力（正压力）是绝对压力和大气压力之差，即

$$p_{表压} = p_{绝对压力} - p_{大气压力} \tag{3-1}$$

绝对压力是指被测介质作用在物体单位面积上的全部压力，是物体所受的实际压力。

表压力是指绝对压力与大气压力的差值。当差值为正时，称为正压力，简称压力；当表压力为负时，称为负压或真空，该负压的绝对值称为真空度。

差压是指两个压力的差值。习惯上把较高一侧的压力称为正压力，较低一侧的压力称为负压力。但应注意的是正压力不一定高于大气压力，负压力也并不一定低于大气压力。

各种工艺设备和测量仪表通常是处于大气之中，也承受着大气压力，只能测出绝对压力与大气压力之差，所以工程上经常采用表压和真空度来表示压力的大小。一般的压力测量仪表所指示的压力是表压或真空度。本书以后所提压力，在无特殊说明外，均指表压力。

二、压力测量的主要方法和分类

目前，压力测量的方法很多，按照信号转换原理的不同，一般可分为 4 类。

1. 液柱式压力测量

该方法是根据流体静力学原理，把被测压力转换成液柱高度差进行测量。一般采用充有水或水银等液体的玻璃 U 形管或单管进行小压力、负压和差压的测量。

2. 弹性式压力测量

该方法是根据弹性元件受力变形的原理，将被测压力转换成弹性元件的位移或力进行测量。常用的弹性元件有弹簧管、弹性膜片和波纹管。

3. 电气式压力测量

该方法是利用敏感元件将被测压力直接转换成各种电量进行测量，如电阻、电容量、电流及电压等。

4. 活塞式压力测量

该方法是根据液压机液体传送压力的原理，将被测压力转换成活塞面积上所加平衡砝码的重力进行测量。它普遍被用作标准仪器对压力测量仪表进行检定，如压力校验台，如图 3-2 所示。

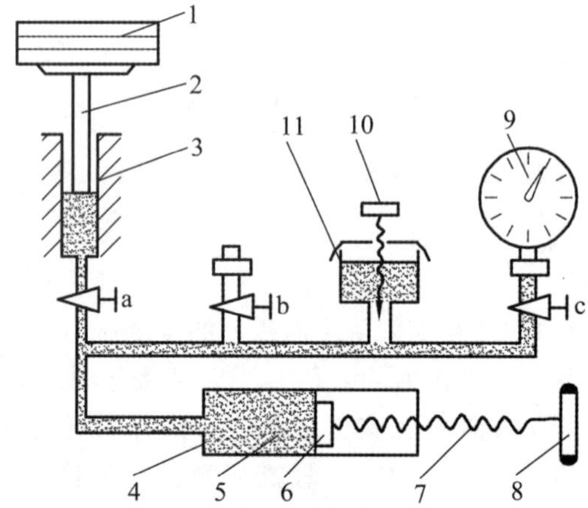

1—砝码；2—测量活塞；3—活塞柱；4—螺旋压力发生器；5—工作液；6—工作活塞；7—丝杠；8—手轮；9—被校压力表；10—进油阀；11—油杯；a，b，c—切断阀。

图 3-2　活塞式压力计原理

在核电电厂中，常使用弹性式压力仪表进行就地显示，使用电气式压力仪表进行压力信号的远传。只有在测量低压（如炉膛压力等）和试验时才用液柱式压力计。

第二节　液柱式压力计和弹性式压力计

一、液柱式压力计

液柱式压力计是利用液柱所产生的重力与被测压力平衡，并根据液柱高度来确定被测压力大小的压力计。所用液体称为封液，常用的有水，酒精，水银等。常用的液柱式压力计有 U 形管压力计、单管压力计、斜管微压计等。

1. U 形管压力计

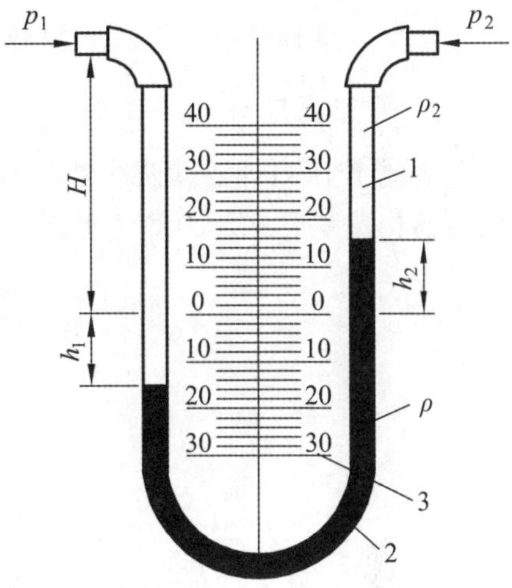

1—U 形玻璃管；2—工作液；3—刻度尺。

图 3-3　U 形管压力计

U 形管压力计利用液柱对液柱底面产生的静压力与被测压力相平衡的原理，通过液柱高度来反映被测压力的大小，它的原理如图 3-3 所示，在 U 形玻璃管中充有一定数量的液体，两端压力相等时，液面皆处于 0 处。若其一端测得压力 p_1，另一端通大气，则左右液面将出现高度差 h，则所测压差 Δp 与 h 的关系式为

$$\Delta p = p_1 - p_2 = pg(h_1 + h_2) = \rho gh \tag{3-2}$$

式中 $h = h_1 + h_2$，为左右支管中的液面高度差，m；ρ为液体的密度；g 为重力加速度；p_2 为当地大气压。

由于ρ 和 g 为常数，故被测表压力与液面高度差成正比。在玻璃管外设置刻度标尺，便可直接读出表压力的值。

液柱式压力计常用于测气体压力，因为气体的密度远小于液体，所以管内气体的重力影响可以忽略不计。又因管壁的膨胀系数远小于液体，如进行温度修正，一般只考虑液体密度随温度变化这一因素。

需要注意的是，考虑到管的内径可能不均匀，故必须分别读出 h_1 和 h_2，再相加得出液面高度差 h，不可用 $2h_1$ 或 $2h_2$ 代替 h。还要注意读数时液体毛细作用和表面张力的因素。对凹形弯月面（例如水）以液面最低点为准，对凸形弯月面（例如汞）以液面最高点为准，如图 3-4 所示。

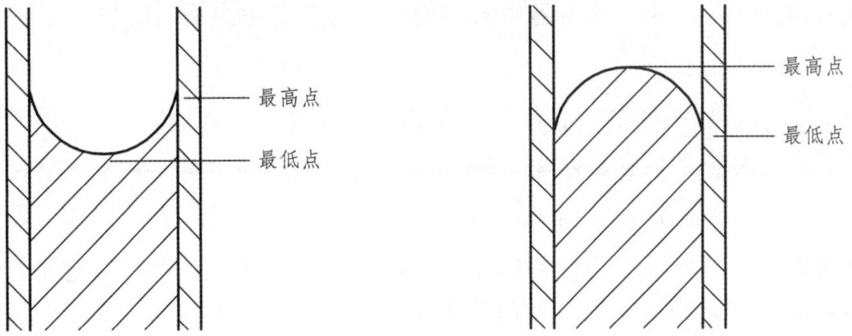

（a）浸润　　（b）不浸润

图 3-4　弯月面现象

采用水银或水为工作液，用 U 形管（也叫肘管）或单管进行测量，常用于低压、负压或压力差的检测，被广泛用于实验室压力测量或现场锅炉烟、风道各段压力、通风空调系统各段压力的测量。

优点：结构简单，使用方便，有相当高的准确度，在专业应用中很广泛。

缺点：量程受液柱高度的限制，体积大，玻璃管容易损坏及读数不方便。

2. 单管式压力计（杯形压力计）

U 形管压力计要读两次数，增大了读数误差，也不方便。将一边的肘管换成大截面容器构成单管式压力计（见图 3-5）。

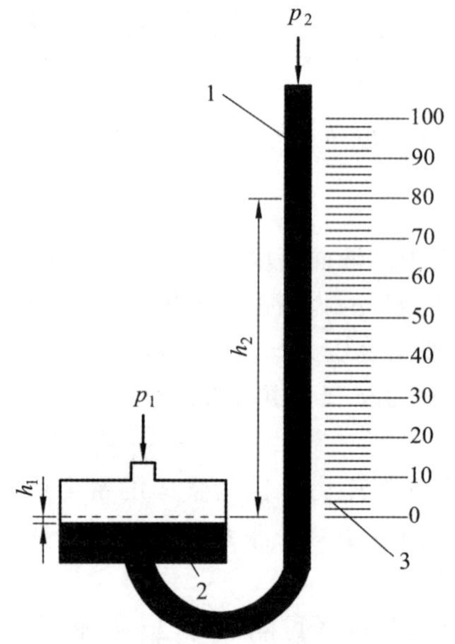

1—测量管；2—宽口容器；3—刻度尺。

图 3-5　单管液柱式压力计

原理：利用液柱对液柱底面产生的静压力与被测压力相平衡的原理，通过液柱高度来反映被测压力的大小。大容器中封液的减少等于管中封液的增加：

$$h_2 A_2 = h_1 A_1 \tag{3-3}$$

式中 A_1、A_2 分别为管子截面积和大容器的截面积。

若肘管内径远小于杯容器内径，则

$$\Delta p = p_1 - p_2 = \rho g(h_1 + h_2) \approx \rho g h_2 \tag{3-4}$$

将数根肘管连至同一个大截面容器，则成为多管压力计，电厂用它测炉膛和烟道各处的负压。大容器内通大气，各肘管连至烟道各测点，此时各肘管中的液体高度即代表各处负压。

优点：结构简单，使用方便，有相当高的准确度，在专业应用中很广泛。

缺点：量程受液柱高度的限制，体积大，玻璃管容易损坏及读数不方便。

3. 斜管式微压计

热力实验中用斜管式微压计（见图 3-6）测微小压力、负压、差压。测正压，被测压力送入大容器；测负压，被测压力送入肘管；测差压，将较高压力送入大容器，较低压力送入肘管。

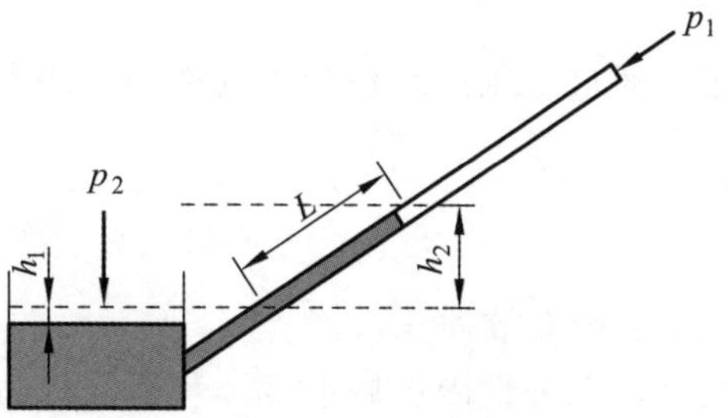

图 3-6　斜管式微压式

斜管式微压计应用范围：一般为 100 ~ 2 500 Pa，倾斜角度越小，L 越长，测量灵敏度就越高，但不可太小，否则液柱易冲散，读数较困难，误差增大。

如图 3-7 所示倾斜管液柱式压力计可以测量到 0.98 Pa 的微压。为了进一步提高微压计的准确度，应选用密度小的酒精作为工作液体。为了减少读数的相对误差，拉长液柱，将测量管倾斜放置。

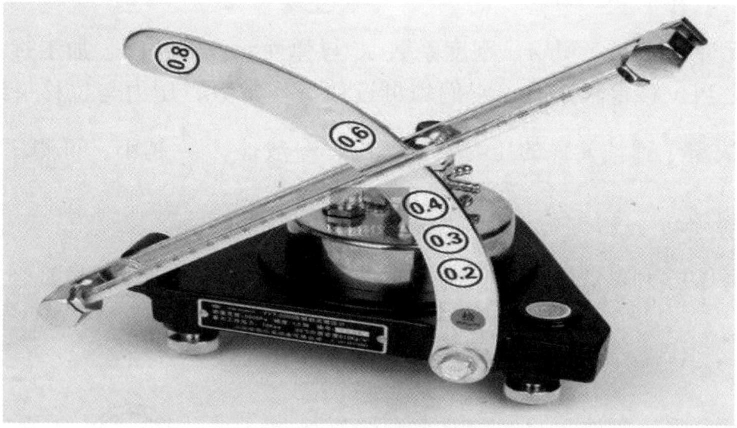

图 3-7　微压测量

二、弹性式压力计

弹性式压力测量是利用弹性元件作为压力敏感元件把压力信号转换成弹性元件的位移或力的一种测量方法。该方法只能测量表压和负压，通过传动机构直接对被测的压力进行就地指示。为了将压力信号远传，弹性元件常和其他转换元件一起组成各种压力传感器。

该测量方法具有结构简单、使用方便和价格低廉的特点，应用范围广，测量范围宽，因此在工业生产中使用得十分普遍。但是基于弹性元件的各种压力测量共同特点是只能测量静态压力。

1. 弹性元件的测量原理

弹性元件的测量原理是弹性元件在弹性限度内受压后会产生变形，变形的大小与被测压力成正比关系。

弹性元件受压力作用后通过受压面表现为力的作用，假设被测压力为 p_x，力为 F，其大小为

$$F = Ap_x \tag{3-5}$$

式中，A 为弹性元件承受压力的有效面积。

根据虎克定律，弹性元件在弹性限度内形变 x 与所受外力 F 成正比关系，即

$$F = Kx \tag{3-6}$$

式中，K 为弹性元件的刚度系数；x 为弹性元件在受到外力 F 作用下所产生的位移（即形变）。

因此，当弹性元件所受压力为 p_x 时，其位移量为

$$x = \frac{F}{K} = \frac{A}{K} p_x \tag{3-7}$$

式中，弹性元件的有效面积 A、刚度系数 K 与弹性元件的性能、加工过程和热处理等有较大关系。当位移量较小时，它们均可近似看作常数，压力与位移呈线性关系。比值 $\frac{A}{K}$ 的大小决定了弹性元件的压力测量范围，一般地，$\frac{A}{K}$ 越小，可测压力就越大。

2. 弹性元件

目前，用作压力测量的弹性元件主要有弹性膜片、波纹管和弹簧管等，如图 3-8 所示。

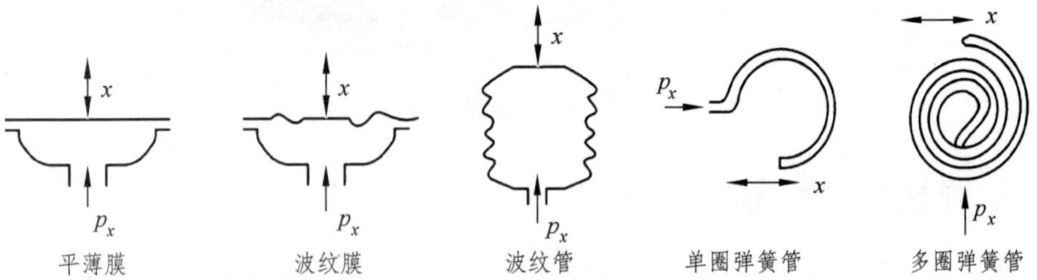

图 3-8 弹性元件示意图

（1）弹性膜片。

弹性膜片是一种沿外缘固定的片状形测压弹性元件，厚度一般在 0.05 ~ 0.3 mm。按其剖面形状分为平薄膜和波纹膜。波纹膜片是一种压有环状同心波纹的圆形薄膜，有时也将两块弹性膜片沿周边对焊起来，形成一薄膜盒子，称之为膜盒，其内部抽成真空，并且密封起来。

弹性膜片的特性一般用中心的位移和被测压力的关系来表征。当膜片的位移较小时，它们之间有良好的线性关系。此外，波纹膜的波纹数目、形状、尺寸和分布情况既与压力测量范围有关，也与线性度有关。当膜盒外压力发生变化时，膜盒中心将产生位移，这种真空膜盒常用来测量大气的绝对压力。

弹性膜片受压力作用产生位移，可直接带动传动机构指示。但是，由于弹性膜片的位移较小，灵敏度低，指示精度也不高，更多的是弹性膜片和其他转换元件组合起来把压力转换成电信号，如电容式压力传感器、光纤式压力传感器、力矩平衡式传感器等。

（2）波纹管。

波纹管是一种具有等间距同轴环状波纹，能沿轴向伸缩的测压弹性元件。当波纹管受轴向的被测压力 p_x 时，产生的位移为

$$x = KAP_x \tag{3-8}$$

式中，K 是系数，与泊松系数、弹性模数、非波纹部分的壁厚、完全工作的波纹数、波纹平面部分的倾斜角、波纹管的内径以及波纹管的材料有关；A 是波纹管承受压力的有效面积。

波纹管受压力作用产生位移，由其顶端安装的传动机构直接带动指针读数。相对于弹性膜片而言，波纹管的位移较大、灵敏度高，尤其是在低压区，因此常用于测量较低的压力。但是波纹管存在较大的迟滞误差，指示精度一般只能达到 1.5 级。

（3）弹簧管。

弹簧管（又称波登管）是用一根横截面呈椭圆形或扁圆形的非圆形管子弯成圆弧形状而制成的，其中心角常为 270°。弹簧管的一端开口，作为固定端，固定在仪表的基座上。另一端封闭，作为自由端。当固定端通入被测介质时，被测介质充满弹簧管的整个内腔，弹簧管因承受内压，其截面形状趋于变圆并伴有伸直的趋势，封闭的自由端产生位移，其中心角改变，该位移的大小与被测介质压力成比例。

自由端的位移可以通过传动机构带动指针转动，直接指示被测压力，也可以配合适当的转换元件，比如霍尔元件和电感线圈中的衔铁把弹簧管自由端的位移变换成电信号（霍尔电势、线圈的电感量的变化）输出。

单圈弹簧管受压力作用后，中心角变化量一般较小，灵敏度较低。在实际测量时，可采用多圈弹簧管以提高测量的灵敏度。

3. 弹性元件的应用

下面将介绍几个以弹性膜片、波纹管和弹簧管为弹性元件的就地弹性式压力指示仪表。

（1）膜盒压力表。

膜盒压力表的弹性元件为膜盒，适用于测量空气或其他无腐蚀性气体的微压或负压。被测介质一般由内径为 8 mm 的橡皮软管插到压力表接头上引入。其结构如图 3-9 所示。

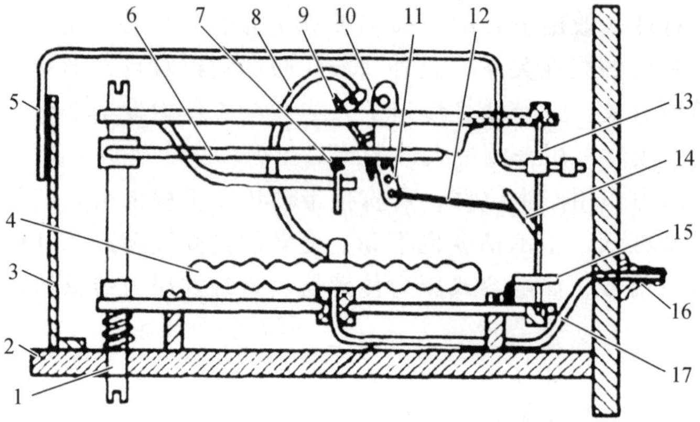

1—调零螺杆；2—机座；3—刻度板；4—膜盒；5—指针；6—调零板；7—限位螺丝；8—弧形连杆；9—双金属片；10—轴；11—杠杆架；12—连杆；13—指针轴；14—杠杆；15—游丝；16—管接头；17—导压管。

图 3-9　膜盒式压力计

（2）双波纹管差压表。

双波纹管差压表是一种机械位移变换就地显示压差的仪表，主要作为流量和水位等测量的中间变换或显示仪表。通入仪表正、负压室的静压一般很高，但所测量的静压差不大。双波纹管差压表的结构和工作原理如图 3-10 所示。

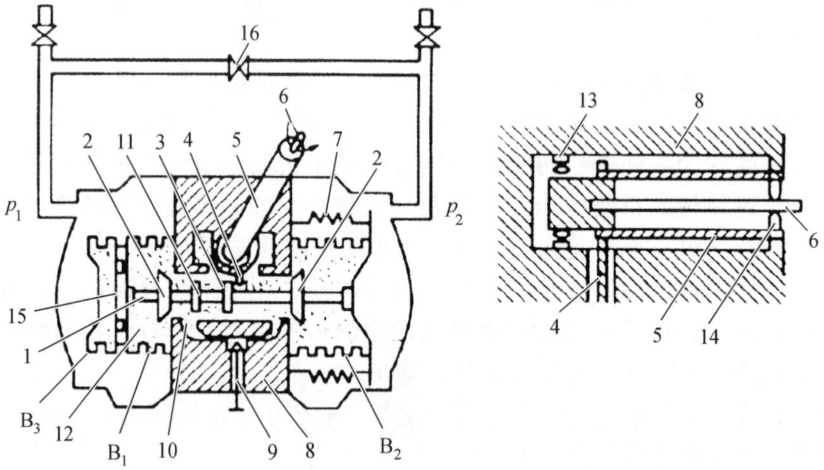

（a）内部结构　　　　（b）扭力管结构

1—连接轴；2—单向受压的保护阀；3—推板；4—摆杆；5—扭力臂；6—心轴；7—量程弹簧钮；8—中心基座；9—阻尼阀；10—阻尼旁路；11—阻尼环；12—填充液；13—滚针轴承；14—玛瑙轴承；15—隔板；16—平衡阀。

图 3-10　双波纹管压差计结构示意

当被测正、负压信号 p_+、p_- 分别引入测量室的高压侧和低压侧时，高压侧波纹管被压缩，其中的填充液（硅油）通过阻尼旁路 10 和环形间隙流向低压侧波纹管，使其自由端右移。整个连接轴系统就向低压侧方向移动，同时拉伸量程弹簧，直至差压（p_+、

p_-）在波纹管底面上形成的作用力与量程弹簧 7 及波纹管的变形力相平衡为止。连接轴系统移动时，通过轴上的挡板 3 拨动摆杆 4，使摆杆摆动，扭力管 5 扭转，芯轴 6 把扭转信号传给显示部件显示差压信号。

仪表量程是通过改变波纹管的刚度和有效面积以及量程弹簧的刚度和数量来实现。另外，调节微调量程螺母亦能细调量程。阻尼调整阀 9 可以调节填充液受压流动时的流动阻力，以改善仪表阻尼特性，使仪表对短促的差压脉动不发生反应。波纹管 B_3 用于收容由于温度变化造成填充液体积变化而多出的填充液，起温度补偿作用。

（3）单圈弹簧管压力表。

单圈弹簧管压力表的弹性元件是弹簧管，广泛用于测量对铜合金不起腐蚀作用的液体、气体的压力，其结构如图 3-11 所示。

被测压力由接头 9 输入，弹簧管 3 因承受压力而使自由端产生一定的直线位移，通过拉杆 7 使扇形齿轮 6 做逆时针偏转，于是指针 5 通过同轴的中心齿轮 4 的带动而做顺时针偏转，在表盘面 1 的刻度标尺上显示出被测压力的数值。

其中游丝 2 是用来克服因扇形齿轮和中心齿轮之间存在的间隙所产生的仪表变差。压力表的量程调节是通过调节调整螺钉 8 的位置，也就是改变机械传动的放大系数来实现的。

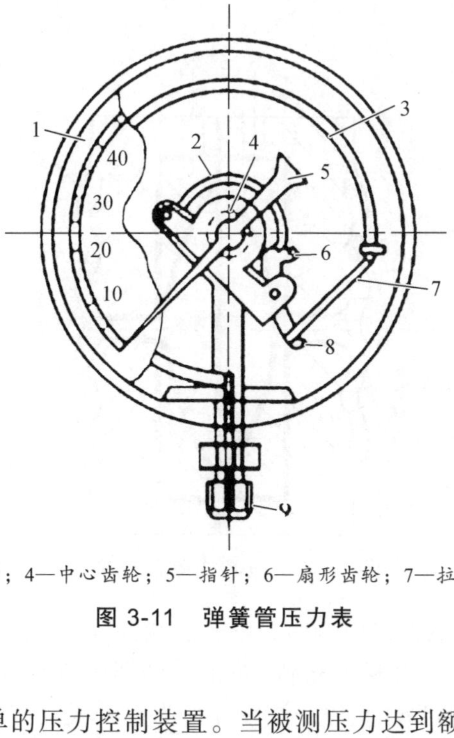

1—面板；2—游丝；3—弹簧管；4—中心齿轮；5—指针；6—扇形齿轮；7—拉杆；8—调节螺钉；9—接头。

图 3-11　弹簧管压力表

（4）压力开关。

压力开关是一种简单的压力控制装置。当被测压力达到额定值时，压力开关可发出警报或控制信号。压力开关的工作原理：当被测压力超过额定值时，弹性元件的自由端产生位移直接或经过比较后推动开关元件，改变开关元件的通断状态，达到控制被测压力的目的。开关形式有常开式和常闭式。调节方式有两位式和三位式。

第三节　压力传感器和变送器

一、电容式压力测量

电容式压力测量的原理是把被测压力信号变化转换成电容量的变化，目前广泛采用的是以测压弹性膜片作为可变电容器的动极板，它与固定极板之间形成可变电容器。被测压力作用于弹性膜片上，当被测压力变化，弹性膜片产生位移，使电容器的可动极板与固定极板之间的距离改变，从而改变了电容器的电容值，通过测量电容的变化量可间接获得被测压力的大小。

（1）电容式压力测量原理。

1151 系列电容式传感器是目前应用非常广泛的一种压力/差压测量传感器，其工作原理如图 3-12 所示。下面将以 1151 系列电容式压力变送器为例，简要介绍电容式压力测量原理。

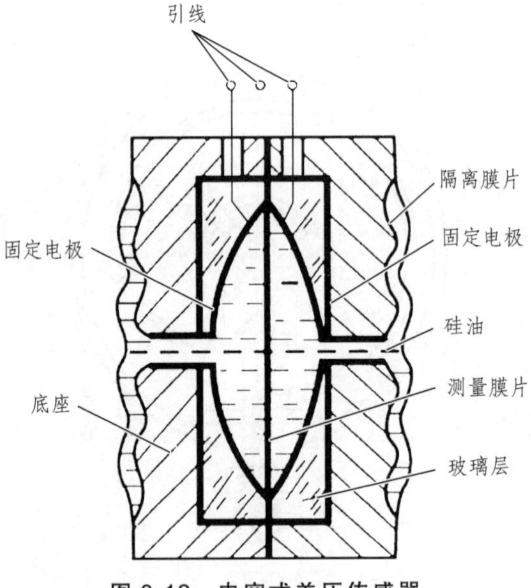

图 3-12　电容式差压传感器

1151 系列电容式传感器采用全密封电容感测元件δ室，直接感受压力。被测压力作用于两侧的隔离膜片上，并通过充满δ室的硅油把压力均匀地传给中心测量膜片。中心测量膜片是一个张紧的弹性元件，该膜片作为差动式电容的动极板，而定极板是在绝缘体的球形凹表面上镀一层金属薄膜而成。当被测压差发生变化，中心测量膜片产生变形位移，位移量与差压成正比，此位移转变为电容极板上形成的差动电容，并由其两侧的电容固定极板检测出来。

（2）转换原理。

被测压力经δ室转换后的差动电容可以通过转换电路转换成二线制 4 ~ 20 mA 直流输出信号。

被测压力和差动电容之间的转换关系为

$$\frac{C_2-C_1}{C_2+C_1}=K_1p \tag{3-9}$$

式中，p 为被测压力/差压；K_1 为常数；C_1 为高压侧极板和传感膜片之间的电容；C_2 为低压侧极板和传感膜片之间的电容。

转换电路输出的电流信号与两电容值的差和比成比例，即

$$I_{\text{sig}}=K_2\frac{C_2-C_1}{C_2+C_1}=Kp \tag{3-10}$$

1151 型压力变送器输出的电流信号与被测压力/差压之间呈线性关系。

电容式压力测量的测量范围宽，准确度高，灵敏度也高，过载能力强，尤其适应测高静压下的微小差压变化。

二、压电式压力测量

压电式压力测量的原理是利用压电材料的压电效应，即压电材料受压时会在其表面产生电荷，其电荷量与所受压力成正比。

（1）压电式压力传感器。

为了适应各种不同要求的使用场所，压电式压力传感器的结构很多，但其工作原理都是相同，下面以如图 3-13 所示结构形式的压电式压力传感器为例作一简单介绍。

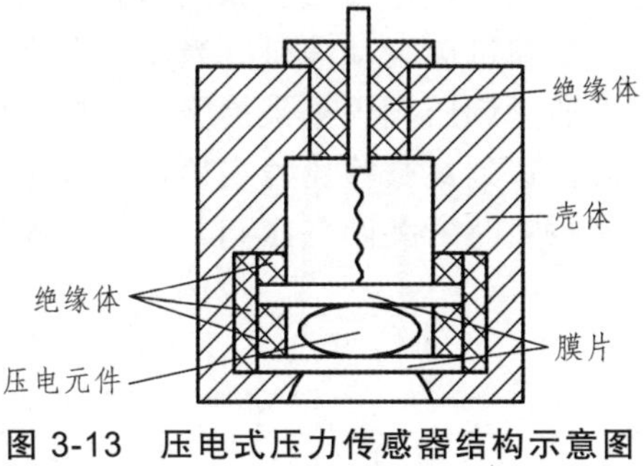

图 3-13　压电式压力传感器结构示意图

压电元件夹在两块弹性膜片之间，当被测压力 p_x 作用于弹性膜片时，压电元件的上、下表面产生电荷，电荷量与压力 p_x 成正比，即 $q_x=KAP_x$，即压电传感器输出的电荷与被测压力 p_x 成正比，然后将产生的电荷由引线插件输出给电荷或电压放大器，转换成电压或电流输出。由于压电材料上产生的电荷量非常小，属于皮库仑数量级，因此需要增加高阻抗的直流放大器（电荷或电压放大器），放大传感器输出的微弱电信号，

并将传感器的高阻抗输入变换成低阻抗输出，提高测量精度。

由于外力作用而在压电材料上产生的电荷只有在无泄漏的情况下才能够长期保存，因此需要相应的测量电路具有无限大的输入阻抗，而实际上这是不可能的，所以压电式压力传感器不宜做静态测量，只有在其上施加交变力，电荷才能够不断得到补充，可以供给测量电路一定的电流，故压电式压力传感器只适宜做动态测量。

压电式压力传感器的特点：结构简单、紧凑，小巧轻便，工作可靠，具有线性度好，频率响应高，量程范围大。

第四节　压力仪表的校验

一、试验室压力校验台

1. 用　途

正负压力电动校验台，配置相应的精密压力表。可用于检定各种低压、压力仪表，以及真空压力表，具有结构简单、操作灵敏、使用方便、安全可靠。

2. 基本结构和原理

校验台由小型压缩机、旋片式真空泵、储气筒、调压阀、控制阀、压力仪表以及电器自动控制装置等组成，是一套完整的自动控制压力校验系统。校验台的工作原理：压缩机的输出口用导管连接到电接点压力表，调压阀储气筒的压力值由电接点压力表控制。当压力达到上限值时压缩机会自动停机，当压力下降到下限值时，压缩机会自动启动，储气筒的输出压力通过调压阀根据被检表进行加压和减压。在加压和减压的过程中与精密压力表进行对比达到对被检压力表校正，真空泵的吸口处连接在气压阀的同一路导管中，当检定真空表时，关闭气压阀，真空阀同样通过升压和减压对被检真空压力表进行校正。

3. 主要技术参数

（1）压缩机最高输出压力：1.3 MPa。

（2）气体介质压力检定范围：0 ~ 1 MPa。

（3）真空泵的极限真空度：1×10^{-3}托。

（4）真空压力表的检定范围：－0.1 ~ 0 MPa。

（5）校验台的密封性试验是根据 JB 559-64 标准，在 10 min 的强度和密封性试验后 5 min 内压力值不降下低于满量程压力值的 5%。

（6）工作电源：220 V。
（7）操作台体积：1 100 mm × 600 mm × 1 070 mm。

4. 操作步骤

使用气体介质压力表检定：
（1）检定前应将真空阀关闭；
（2）将精密压力表和被检压力表安装在快速接头上，关闭升压阀和降压阀；
（3）点亮电源总开关指示灯，再点亮压缩机电源开关指示灯，压缩机开始造压，使储气筒内的压力逐渐升到 1.2 MPa，此压力由电接点压力表控制，打开气压阀；
（4）根据被检压力表测量上限值转动调压阀，使调压后输出压力值由表指示与被检表一致；
（5）用手缓慢平稳地控制升压阀，按检定规程要求对被检的压力表进行正行程检定，当被检表的指针升到满量程后关闭升压阀，再缓慢平稳地控制降压阀，对被检表进行反行程检定，当被检表的指针回零，即检定工作结束，卸下被检表；
（6）检定工作结束后，关闭压缩机电源并将储气筒内的压力放出。

5. 真空压力表的检定

（1）检定前应将气压关闭。
（2）将精密压力表和被检真空表安装在快速接头上。
（3）打开真空阀和升压阀将压阀。
（4）打开电源总开关指示灯，再打开真空泵电源开关指示灯，让真空泵空转 5 min。
（5）用手缓慢平稳地控制升压阀，按检定规程要求对被检表进行程检定，当被检表的指针升到满量程后，关闭升压阀；再缓慢平稳地控制降压阀对被检表进行反行程检定的指针回零，即检定工作结束后关闭真空泵电源开关及关闭真空阀。

6. 维护保养

（1）校验台安放在便于操作和平整的场地，并保持水平。
（2）校验工作环境温度为 5 ~ 35 °C，相对湿度不大于 80%，周围空气不得含有腐蚀性气体。
（3）校验台搬运时不得有歪斜，以免压缩机损坏。
（4）校验台内安装压缩机气源只供本校验台检定压力仪表使用，不得做其他使用。
（5）校验台内安装压缩机不能正常工作，如发现 10 min 内压力升不高应及时停机检查原因。
（6）真空泵启动时不可将泵进气口封闭，待运转正常后（大约 5 min）可进行检定。

二、MCAL-600 台式电动高压源

1. 用　途

YZX-60 多功能电动压力校验台，配置相应的精密数字压力表，可以校验各种压力

仪表（0 ~ 60 MPa），以及校验真空压力仪表。

2. 结构与工作原理

校验台由双增压缸、小型压缩机、真空泵储气筒、储油筒、手控操作阀、电磁、换向阀、连接导管、压力仪表及电器自动控制装置等组成，是一套完整的自动控制压力校验系统。压缩机的输出口用导管连接到储气筒的输入口，储气筒的压力值通过电接点压力表自动控制，当储气筒的压力值达到上限的设定点时压缩机会自动启动。储气筒内压力通过调节器压阀可根据被检压表的值任意调节，再通过升压阀和降压阀，对被检压力仪表进行正行程和反程的检定。

双向增压缸的工作原理：

通过调压阀输出口连接到电磁换向阀，电磁阀通电后开始增压，当大活塞和小活塞的压力值平衡时，增压缸停止增压；当小活塞的压力值低于大活塞时，增压缸开始增压。增压的压力值可根据被检压力仪表的值任意调节。

3. 操作步骤

（1）使用油压校验（1.6 ~ 60 MPa）。

使用前应检查校验台的气压阀、真空阀、油压阀、增压阀处于关闭状态。安装好精密压力表和被检压力表，随后启动压缩机，待储气筒内的压力值到达设定的上限点，开启增压阀和油压阀，将调压阀调节到被检定压力表的值，再开启增压电源开关（红灯亮），增压缸开始升压。通过校验台的升压阀用手缓慢平稳地控制升压阀对被检压力表进行正行程的检定，当被检压力表的指针回零，即检定工作结束，可卸下被检表。如果使用油压检定的压力表全部结束，要检定真空表或气压表，首先将储油筒内压力达到设定的上限点，将调压阀调到 1 MPa，关闭油压阀和增压阀增压电源开关。开启升压阀、降压阀和气压阀。将校验台内的导管中的余油用气体清除后才能检定真空表和气压表。

（2）使用气体检定压力表（0 ~ 1 MPa）。

使用前应检查校验台的气压阀、真空阀、油压阀、增压阀应处于关闭状态。安装好精密压力表和被检压力表，随后开启压缩机，待储气筒内压力值到达设定的上限点，开启气压阀，将调压阀的输出压力调到与被检压力表的值到一致（偏高一点），同样通过校验台升压阀用手缓慢平稳地控制升压阀对被检表进行正行程的检定。当被检表到达满量程后关闭升压阀；再通过校验台的降压阀，用手缓慢平稳地控制降压阀对被检表进行反行程检定，当被检表指针回零时，即检定工作结束后，可卸下被检表。如果使用气体压力检定压力表全部结束。要进行检定真空压力，首先将储气筒内的压力，要进行降压即开启升压阀和降压阀，将储气筒内的压力基本排完后，关闭气压阀和压缩机。

（3）使用真空检定真空压力表。

使用前应首先检查校验台的气压阀、真空阀、油压阀、增压阀应处于关闭状态，安装好精密压力表和被检表。随后开启真空阀、升压阀、降压阀，再开启真空泵，等待真空泵启动 5 min 后，再关闭升阀和降压阀，同样通过校验台的升压阀，用手缓慢平稳地控制升压阀对被检表进行正行程检定，当被检表到达满量程后，关闭升压阀。再通过校验台的降压阀对被检表进行反行程检定，当被检表回零后，即校验完毕，关闭真空阀。

（4）主要技术参数。

① 双向增压泵的极限压力：70 MPa。

② 校验压力范围：油压 1.6 ~ 60 MPa。

③ 双向增压泵的传压介质：20 号机械油。

④ 压缩机排气极限压力：1.3 MPa。

⑤ 气体压力校验范围：0 ~ 1 MPa。

⑥ 压缩机冷却润滑油：DB10 号变压器油。

⑦ 真空泵极限真空度：0.13 Pa。

⑧ 真空压力校验范围：－0.1 ~ 0 MPa。

⑨ 真空泵润滑油：大连 1 号或 GS-1 高速真空泵油。

⑩ 校验台工作电压：220 V。

密封性实验根据 JB 559-64 标准在 10 min 的强度和密封性实验后 5 min 内压力下降值不低于满量程压力值 5%，校验台体积 1 100 mm × 680 mm × 1 070 mm。

第五节　压力仪表的选择和安装

在工程应用中，如何选择恰当的压力测量仪表是一项重要的工作。为了正确、及时地反映被测对象压力的变化，必须根据生产工艺对压力测量的要求、被测介质的特性、现场使用的环境等条件本着节约的原则合理地考虑压力测量仪表的类型、形式、量程、准确度等。

此外还必须正确选择测点，正确设计和敷设导压信号管路等，否则会影响测量结果。

一、压力测量仪表的选择

选择压力测量仪表主要是确定其种类、量程和精度等。

压力测量仪表类型的选择主要应考虑以下几个方面。

（1）被测介质的性质。被测介质是流动的还是静止的，黏性大小，温度高低，是液体还是气体，是否具有腐蚀性，爆炸性和可燃性等。对腐蚀性较强的压力介质应使用像不锈钢之类材料的弹性元件；对氧气、乙炔等介质应选用专用的压力仪表。

（2）对仪表输出信号的要求。就地显示还是远传压力信号。弹性式压力测量仪表为就地直接指示型仪表，在许多工程现场中进行就地观察压力变化的情况。电气式压力测量仪表可把压力信号远传到控制室。

（3）压力测量仪表的使用环境。有无振动，温度的高低，湿度的高低，环境有无腐蚀性，爆炸性和可燃性。对爆炸性较强的环境，在使用电气式压力测量仪表时，应选择防爆型压力仪表；对于温度特别高或特别低的环境，应选择温度系数小的敏感元件以及相应的变换元件。

二、仪表量程的选择

目前我国压力和差压测量仪表按系列生产，其量程上限为 1、1.6、2.5、4.0、6.0 kPa 以及它们的 10^n 倍数（n 为整数）。

为了测量的准确度，测压仪表的量程上限不能取得太大，但也不能取得太小。

如果所测压力比较稳定，被测压力值应在仪表满量程的 1/3 ~ 3/4 范围内；如果所测压力波动较大或是脉动压力时，被测压力值应为仪表满量程的 2/3 左右，且不应低于满量程的 1/3。如果所测压力变化范围更大，超过了上述要求，则应使仪表量程上限满足最大工作压力条件。

仪表精度的选择：根据仪表的基本误差不大于测量的最大允许误差来选择压力测量仪表的精度，同时应本着节约的原则，只要测量精度能满足生产的要求就不必追求高精度的仪表。

三、压力测量仪表的安装使用要求

1. 取压口的位置和形状

取压口用于取出被测介质得到压力信号，是导压信号管路的入口。为了正确测量压力信号，取压口位置应远离各种阻力件，并使压力信号导管走向合理，不会产生积气、积液或掉进污物而堵塞。

取压口一般是垂直于容器或管道内壁的圆形开孔，且不能有倒角、凸出物和毛刺。

测量流体压力时，取压口应引自管道截面的下部，以使液体中析出的少量气体能顺利地流回工艺管道，不至于因为进入测量管路以及仪表而导致测量不稳定。但又不能在管道的最下部，以防止工艺管路底部的固体杂质进入测量管路及仪表，最好是在管道水平中心线以下并与水平中心线成 0° ~ 45°的范围。测量气体压力时，取压口应取自管道截面的上部，以防止气体中的少量凝结液能顺利流回工艺管路，不至于因为进入测量管路及仪表而造成测量误差。测量蒸汽介质时，取压口应在管道的上半部及水平中心线以下，并与水平中心线成 0° ~ 45°范围，以保证测量管路内有稳定的冷凝液，同时也要防止工艺管道底部的固体杂质进入测量管路和仪表。

2. 导压信号管路

对于水、蒸汽介质，导压管的内径一般取$\phi7 \sim 13$ mm，其长度不宜过长，一般工业测量系统中规定管路长度不能超过 60 m。导压管内径过小、长度太长会影响测压的动态误差。内径大时，安装维修比较方便。

导压管路应垂直或倾斜敷设，不应水平敷设，以防止测液体时聚集气泡、测气体时聚集水柱。管路应尽量直行，少急弯。气体介质导压管向上倾斜铺设，系统最低处安装集水装置；液体介质导压管向下倾斜铺设，系统最高处安装集汽装置。

如果是差压仪表，正、负两根导压管应尽量靠近，并行敷设。如需防冻伴热，应使两管受热均匀一致，且不得过热气化。如需隔热时，对两根管采取的措施也要一致。总之使两根管内的传压介质温度一致，而不致产生附加误差。

3. 导压信号管路附件

在导压信号管路上装设哪些附件要看实际需要，根据具体情况可具体设计选择。常用的有

（1）运行中仪表发生故障时，用于切断压力，须安装一次针形阀门。

（2）为了仪表投入和停用时操作时用，须安装二次针形阀门（或三通阀）。

（3）为隔离弹性元件，免受介质加热，且便于加装密封填片，需安装冷凝盘管或弯头。

（4）当测量有脉动压力时，一般应加阻尼器，但测量动态压力时就不应加装阻尼器。

（5）测量腐蚀介质的压力时，可考虑采用隔离容器。

课后习题

（1）什么是压力，它的法定计量单位是什么?

（2）什么叫绝对压、大气压、表压及真空度?它们的相互关系是怎样的?

（3）为什么弹簧管压力表测的是表压?

（4）以下测压仪，哪一种测压不受重力随高度变化（即重力加速度）的影响?（　　）

a. 单管压力计　　b. 浮球压力计　　c. 弹簧管压力计

（5）液柱式压力计是基于_________原理工作的，常用的液柱式压力计有_______、___________和__________3 种。

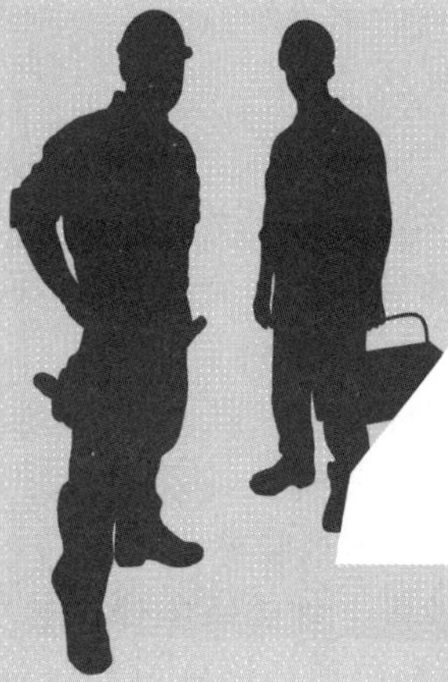

4

第四章

流量测量

学习目标

【知识目标】

（1）通过学习掌握流量测量的方法和分类；

（2）通过学习掌握体积流量的测量原理；

（3）通过学习掌握质量流量的测量原理。

【技能目标】

（1）通过学习掌握体积流量测量装置的结构及特性；

（2）通过学习掌握质量流量测量装置的结构及特性。

【素养目标】

（1）在学习中培养团队精神；

（2）在学习中培养主动学习的能力；

（3）在学习中培养工作安全的习惯。

第一节　流量测量基础知识

一、概　述

流量测量在工业生产过程中显得十分重要。生产过程中各种流动介质，如液体、气体或蒸汽、固体粉末等的流量反映了生产过程中物料、工质或能量的产生和传输的量，因此连续测量流量可以保证设备的安全、经济运行，为管理和控制生产过程提供依据。

二、基本概念

1. 流　量

单位时间内通过管道中某一截面积的流体量称为瞬时流量，简称流量。如果流量用流体的体积来表示则称为瞬时体积流量 q_V ，简称体积流量；如果流量用流体的质量来表示则称为瞬时质量流量 q_m ，简称质量流量。它们的表达式分别为

$$q_V = \frac{\mathrm{d}V}{\mathrm{d}t} = \lim_{\Delta t \to 0} \frac{\Delta V}{\Delta t}$$

$$q_m = \frac{\mathrm{d}m}{\mathrm{d}t} = \lim_{\Delta t \to 0} \frac{\Delta m}{\Delta t} = \rho q_V$$

式中，q_m、q_V 为在时间间隔 Δt 内通过的流体质量 Δm 或体积 ΔV；ρ 为流体密度。

当流体的压力和温度参数未知时，体积流量的数据只能模糊地给出了流量，严格地说要用"标准体积流量"表达，即指在温度为 20 °C（或 0 °C），压力为 1.013×10^5 Pa 下的体积数值。那么，在该标准状态下，介质的密度 ρ 为定值，标准体积流量和质量流量之间的关系是确定的。

2. 累积流量

从 t_1 到 t_2 这一段时间间隔内流体通过管道横截面的流体总量称为累积流量，累积流量可以通过该段时间内瞬时流量对时间的积分得到。与流量相对应，有体积累积流量或质量累积流量，它们的表达式是

$$V = \int_{t_1}^{t_2} q_V \mathrm{d}t$$

$$m = \int_{t_1}^{t_2} q_m \mathrm{d}t$$

累积流量除以相应的时间间隔就称为该段时间内的平均流量。

3. 流量单位

在 SI 单位制中，体积流量的单位为米 ³/秒（m^3/s）；质量流量的单位为千克/秒（kg/s）。在工程中常用的体积流量单位有米 ³/时（m^3/h）、升/时（L/h）；常用的质量流量单位有千克/时（kg/h）、吨/时（t/h）。体积累积流量的单位为立方米（m^3），质量累积流量的单位为吨（t）。

三、流量测量的主要方法和分类

由于流量测量对象的多样性和复杂性，流量测量的方法很多，是工业生产过程常见参数中测量方法最多的。流量测量方法可以按不同原则划分，至今并未有统一的分类方法。按照不同的测量原理，流量测量方法主要分为差压式、速度式和容积式 3 类。

差压式流量测量是通过测量流体流经安装在管道中敏感元件所产生的压力差，以输出差压信号来反映流量的大小，如节流变压降式、均速管式、楔形、弯管式，以及浮子流量测量等。

速度式流量测量是通过测量管道内流体的平均速度，以输出速度信号来反映流量的大小，如涡轮式、涡街式、电磁式、超声波式等。

容积式流量测量的方法是流体以固定的、已知大小的体积逐次从机械测量元件中排放流出，计数排放次数或测量排放频率，即可求得其体积累积流量，如椭圆式、腰轮式、刮板式和活塞式等。

如图 4-1 所示为常见的流量仪表。

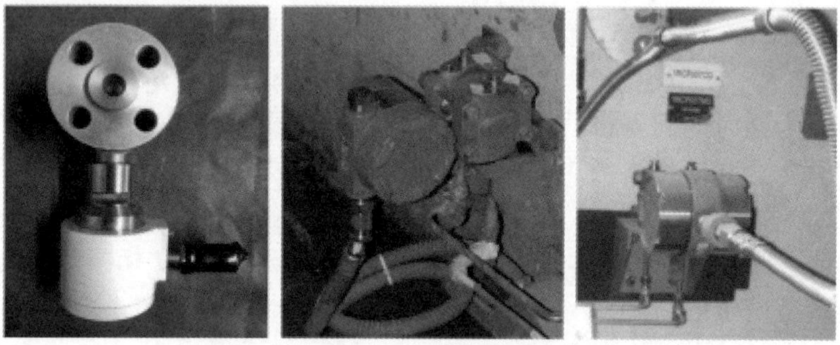

图 4-1　流量仪表

第二节　差压式流量测量

差压式流量测量是目前工业生产过程中气体、液体和蒸汽流量最常用的流量测量方法，其中以节流变压降式流量测量方法应用最为广泛。

一、节流变压降式流量测量原理

节流变压降式流量测量是通过测量流体流经节流装置时所产生的静压力差来测量流量的，它是电厂中使用最多的流量测量方法。

节流变压降式流量测量的原理是，在充满流体的管道中固定放置一个流通面积小于管道截面积的阻力件，当流体流过该阻力件时，由于流体流束的收缩而使流速加快、静压力降低，其结果是在阻力件前后产生一定的压力差。它与流量（流速）的大小有关，流量越大，差压也越大。实践证明，对于一定形状和尺寸的阻力件，在一定的测压位置和前后直管段一定的流体参数情况下，阻力件前后的差压与体积流量之间有一定的函数关系，因此通过测量阻力件前后的差压可以测量流量。把流体流过阻力件因流束的收缩而造成压力变化的过程称为节流过程，其中的阻力件称为节流件。

目前最常见的节流件是标准孔板，在以下的讨论中将主要以标准孔板为例介绍节流式流量测量的原理、流量公式的推导等。

如图 4-2 所示为流体流经节流件时的流动情况示意图，从图中可以看出，流体在节流件前后的流束、压力和速度都要发生变化。

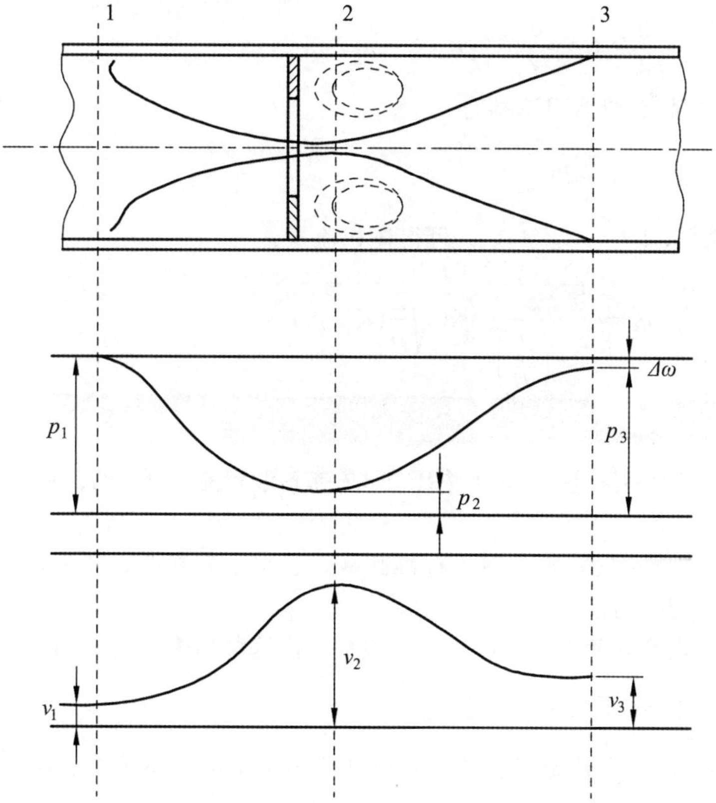

图 4-2　流经节流件的流动示意图

在截面 1 处流体未受节流件的影响，流束充满管道，管道截面为 D，平均流速为 v_1，流体静压力为 p_1，流体密度为ρ_1；流体流经节流件前就已经开始收缩，由于惯性的作用，流束通过节流件后还将继续收缩，直到在节流件后的某一距离处达到最小流束截面，即截面 2。其截面积为 d'，流体的平均流速达到最大 v_2，流束中心压力为 p_2，流体密度为ρ_2；流体流经截面 2 时流束又逐渐扩大到充满整个圆管，流体的速度也恢复到孔板前稳定流动时的速度。截面 3 是流速刚恢复正常时的截面，管道截面为 D，平均流速为 v_3，流体静压力为 p_3，流体密度为ρ_3。

分析节流件前后压力的变化情况，在节流件前，流体向中心加速，管壁处静压力增加，管道中心处压力降低；至截面 2 时，流束截面收缩到最小，管壁和中心处静压力降至最低。然后流束扩张，静压力升高，直到截面 3 处。由于涡流区的存在，导致流体能量损失，因此在流束充分恢复后，截面 3 处的静压力 p_3 不能恢复到原先的静压力 p_1，而产生了压力损失 $\delta_p = p_1 - p_3$。

设流经水平管道的流体为不可压缩性流体（ $\rho_1 = \rho_2 = \rho$ ），并忽略流动阻力损失，对截面 1、2 写出伯努利方程：

$$\frac{p_1}{\rho} + \frac{v_1^2}{2} = \frac{p_2}{\rho} + \frac{v_2^2}{2} \tag{4-1}$$

根据流体的连续性方程，有

$$\frac{\pi}{4} D^2 v_1 \rho = \frac{\pi}{4} d'^2 v_2 \rho \tag{4-2}$$

流体流经截面 2 的体积流量为

$$q_V = \frac{\pi}{4} d'^2 v_2 \tag{4-3}$$

联立求解式（4-1）~（4-3），可得体积流量：

$$q_V = \sqrt{\frac{1}{1 - \left(\frac{d'}{D}\right)^4}} \frac{\pi}{4} d^2 \sqrt{\frac{2}{\rho}(p_1 - p_2)} \tag{4-4}$$

注意：

① 实际测量时差压是按一定的取压方式在节流装置前后测得的，其大小与（$Q_1 - Q_2$）之间有一定的差异。

② d'是最小流束的直径。对于标准孔板，它小于节流件的开孔直径；对于喷嘴，它等于节流件的开孔直径。

③ 流量公式没有考虑流动过程中的损失，而这种损失对于不同形式的节流件和不同的直径比$\left(\frac{d'}{D}\right)$是不同的。

基于上述理由，上述推导出的流量公式不是要求的流量公式，必须对它进行下列一些修正：

① 用节流件前后实际测得的差压Δp代替（$p_1 - p_2$）。

② 用节流件的开孔直径 d 代替最小流束截面直径 d'，并引入直径比 $\beta = \dfrac{d}{D}$。

③ 考虑流动过程中的压力损失。

综合考虑上述因素，在流量公式中引入一个流出系数 C 或流量系数 a，则可得体积流量

$$q_V = \frac{C}{\sqrt{1-\beta^4}}\frac{\pi}{4}d^2\sqrt{\frac{2}{\rho}\Delta p} = \frac{C}{\sqrt{1-\beta^4}}\frac{\pi}{4}\beta^2 D^2\sqrt{\frac{2}{\rho}\Delta p}$$

或

$$q_V = a\frac{\pi}{4}d^2\sqrt{\frac{2}{\rho}\Delta p} = a\frac{\pi}{4}\beta^2 D^2\sqrt{\frac{2}{\rho}\Delta p}$$

式中，C 和 a 值与节流件的形式、β 值、雷诺数 Re_D、管道粗糙度以及取压方式等有关，是节流装置中重要的参数，一般由实验决定。它们之间是 $\dfrac{1}{\sqrt{1-\beta^4}}$ 的关系。

上述流量公式仅适用于不可压缩流体。对于可压缩流体，流体的密度变化是不可忽视的。但是，为方便起见，可以采用和不可压缩性流体相同的流量公式和流量系数 a 或流出系数 C，而把全部的流体可压缩性影响用流速膨胀系数ε来考虑，同时引入节流件前的流体密度ρ_1。于是，可得体积流量公式：

$$q_V = a\varepsilon\frac{\pi}{4}d^2\sqrt{\frac{2}{\rho_1}\Delta p} = a\varepsilon\frac{\pi}{4}\beta^2 D^2\sqrt{\frac{2}{\rho_1}\Delta p} \tag{4-5}$$

相应的质量流量公式为

$$q_m = a\varepsilon\frac{\pi}{4}d^2\sqrt{2\rho_1\Delta p} = a\varepsilon\frac{\pi}{4}\beta^2 D^2\sqrt{2\rho_1\Delta p} \tag{4-6}$$

式中，q_m、q_V 为质量流量，kg/s、体积流量，m^3/s；d、D 为节流件开孔直径、管道直径，m；β 为节流件开孔直径与管道直径之比，即 $\dfrac{d}{D}$；ρ_1 为节流件前流体密度，kg/m^3；ΔQ 为实际测得的差压，Pa；ε 为流体流束膨胀系数，对不可压缩流体取 1，对可压缩性流体取小于等于 1；C 和 a 为流出系数和流量系数，根据节流件的形式、β值、雷诺数 Re_D、管道粗糙度以及取压方式查表得到。

二、标准节流装置

作为流量测量用的节流装置有标准和特殊两种。标准节流装置在设计时都有统一标准的规定要求和计算所需的有关数据、图及程序，可直接按照标准制造、安装和使用，不必进行标定。特殊节流装置也称非标准节流装置，主要用于特殊介质或

特殊工况条件的流量测量，它们可以利用已有实验数据进行估算，但必须用实验方法单独标定。

标准节流装置由标准节流件、符合标准的取压装置和节流件前后直管段 3 部分组成。

1. 标准节流件

目前国家规定的标准节流件有标准孔板、标准喷嘴和文丘里管等。

（1）标准孔板。

标准孔板是由机械加工获得的一块具有与管道同心的圆形开孔（节流孔）、开孔边缘非常锐利的薄板，其圆筒形柱面与孔板上游侧端面垂直。用于不同管道内径和各种取压方式的标准孔板，其几何形状都是相似的，如图 4-3 所示，其中所标注的尺寸可参阅相关标准规定。在标准孔板的所有参数中，孔板直径是一个主要的参数，任何情况下，孔径 d 不小于 12.5 mm，它是不少于均匀分布的四个单测值的算术平均值，而任意单测值与平均值之差不得超过 ± 0.05% d 。

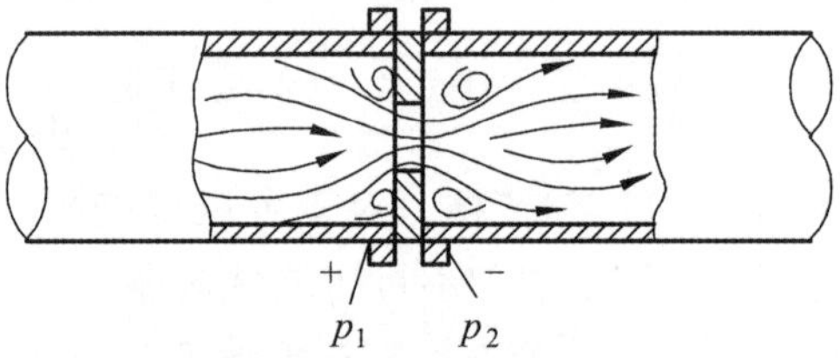

图 4-3　标准孔板流

（2）标准喷嘴。

标准喷嘴包括 ISA1932 喷嘴和长径喷嘴。ISA1932 喷嘴是由两个圆弧曲面构成的入口收缩部分和与之相接的圆柱形喉部组成，如图 4-4 所示。长径喷嘴则是由形状为 1/4 椭圆的入口收缩部分和与之相接的圆柱形喉部组成。

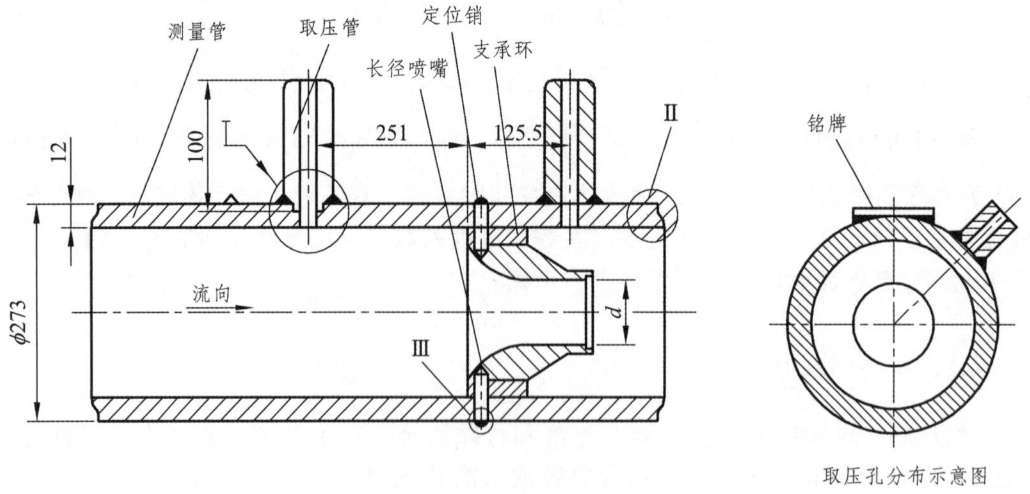

图 4-4　标准喷嘴流动

（3）文丘里管。

标准文丘里管分两种形式：一种为经典文丘里管，简称文丘里管；另一种为文丘里喷嘴。每一种文丘里管又分长、短两种。

① 经典文丘里管。

经典文丘里管是与管道轴同轴旋转的旋转体，由入口圆柱形 A、圆锥收缩段 B、圆柱形喉部 C 以及圆锥扩散段 D 组成，如图 4-5 所示。

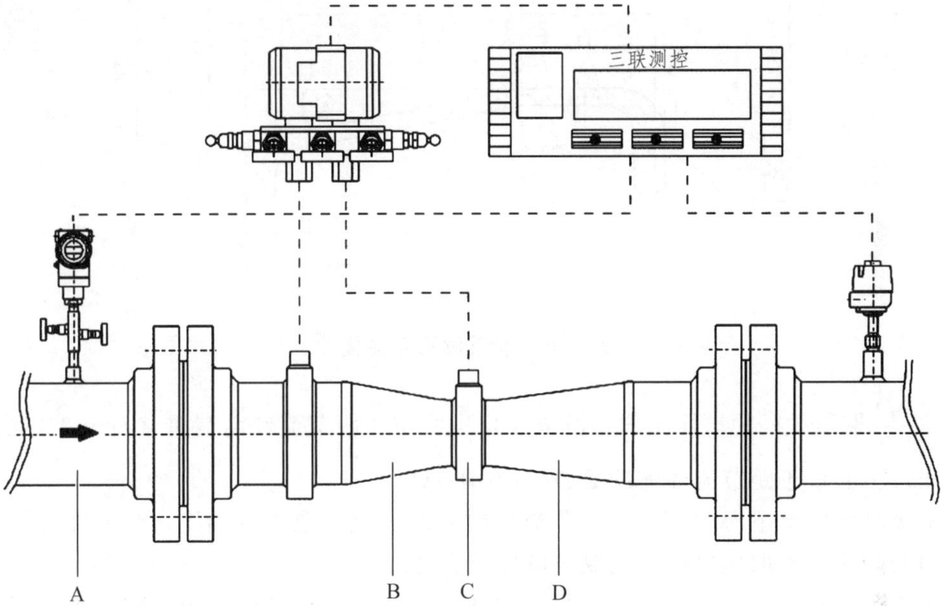

图 4-5　经典文丘里管

② 文丘里喷嘴。

文丘里喷嘴由收缩段、圆桶形喉部和扩散段构成，从其廓形上看就是 ISA1932 喷嘴出口接一段渐扩段。

2. 取压方式和取压装置

（1）取压方式。

取压方式是指取压口位置和取压口结构。不同的取压方式，即取压口在节流件前后的位置不同，取出的差压值也不同。不同的取压方式，对同一个节流件，它的流出系数也将不同。

目前国际国内通常采用的取压方式有理论取压法、$D-\frac{D}{2}$取压法（又称径距取压法）、角接取压法和法兰取压法等。如图 4-6 所示给出了各种取压方式的取压位置示意图。

理论取压的上游取压口中心位于距节流件前端面 $1D\pm0.1D$ 处，下游取压口中心位置因 β 值而异，基本上位于流束最小截面处。在推导节流变压降式流量测量公式时，用的差不多就是这两个截面上的压力差，因此称为理论取压法。

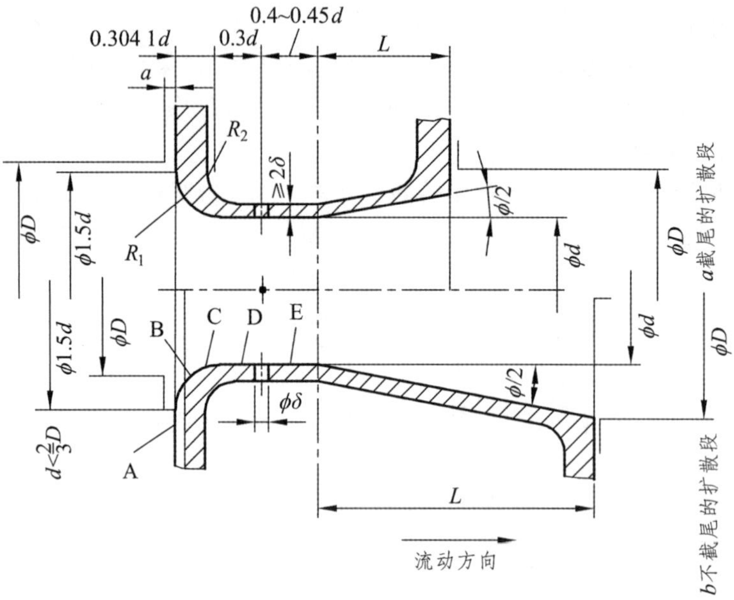

图 4-6　取压位置示意图

$D-\frac{D}{2}$ 取压（径距取压）的上游取压口中心位于距节流件前端面 $1D\pm0.1D$ 处，下游取压口中心位于距节流件前端面 $D/2\pm0.01D$ 处。

角接取压的上下游取压口位于节流件前后端面上，取压口轴线与节流件各相应端面之间的间距等于取压口半径或取压口环隙宽度之半。

法兰取压法不论管道直径和直径比 β 的大小，上下游取压点中心均位于距离节流件上下游端面 1 in（2.54 cm）处。

相比较而言，理论取压所取得的差压较大，而其他几种取压方式测得的差压值较理论取压法稍小。但是，对于理论取压法，随着直径比 β 和体积流量的变化，节流件后流束最小截面的位置也要变化，给下游取压口的设置带来困难，在实际中很少使用。法兰取压在制造和使用上来得方便，而且通用性较大，角接取压取出的比较均衡可以提高测量精度，$D-\frac{D}{2}$ 取压具有上下游取压口固定的优势，这 3 种最为常用。

（2）标准取压装置。

标准取压装置是国家标准中规定的用来实现取压方式的装置。以标准孔板为例，简单叙述角接取压装置和法兰取压装置。

① 角接取压装置。

角接取压装置可以采用环室或夹紧环（单独钻孔）方式取得节流件前后的差压。环室取压的前后两个环室在节流件两边，环室夹在法兰之间，法兰和环室、环室与节流件之间放有垫片并夹紧。节流件前后的压力是从前后环室和节流件前后端面之间所形成的连续环隙或等角配置的不小于四个的断续环隙中取得的。采用环室取压的优点是可以取出节流件前后的均衡压差，提高测量精度。

单独钻孔取压是在孔板的夹紧环上打孔，流体上下游压力分别从前后两个夹紧环取出。

② 法兰取压装置。

法兰取压装置的孔板被夹持在两块特制的法兰中间，其间加两片垫片。法兰取压是在法兰上打孔取出节流件前后的差压。

3. 节流件前后的直管段

标准节流装置的流量系数是在流体到达节流件上游 1*D* 处形成流体典型端流流速分布的状态下取得的。为了在实际测量时能尽量接近这样的条件，节流装置的管道条件，如管道长度、管道圆度以及内表面粗糙度等必须满足一定的要求。

节流件距离其上游两个和下游的一个局部阻力件之间的距离根据各局部阻力件形式和节流件类型及其直径比决定；管道的圆度要求是在节流件上游至少 2*D*（实际测量）长度范围内，管道应是圆的，在离节流件上游端面至少 2*D* 范围内的下游直管段上，管道内径与节流件上游的管道平均直径 *D* 相比，其偏差应在 ± 3%之内；管道内表面粗糙度的要求是至少在节流件上游 10*D* 和下游 4*D* 的范围内应清洁，无积垢和其他杂质，并满足有关粗糙度的规定。

三、其他差压式流量测量

1. 楔形流量测量

楔形流量测量主要用于测量泥浆、煤焦油沥青、煤水悬浮液以及其他高黏度流体及悬浮液的流量，在电力和污水处理等领域有较广泛的应用，尤其是在原油、重油及悬浮液的流量测量方面有其独特的优越性。

楔形流量传感器的节流件为 V 形的楔形件，安装时将楔形件的顶部朝下，如图 4-7 所示，取压口用双法兰连接。V 形的楔形件顶部朝下安装有利于颗粒状流体顺利通过楔形节流件，特别是有悬浮物的流体。对于水平安装的圆管来说，悬浮物容易悬浮在圆管的上半部，只要楔形件角度设计合理，便可消除滞流区，使悬浮液顺利通过楔形节流件，防止管道堵塞等现象。即使被测介质中含有一定量的杂质，楔形流量传感器也能正常工作。

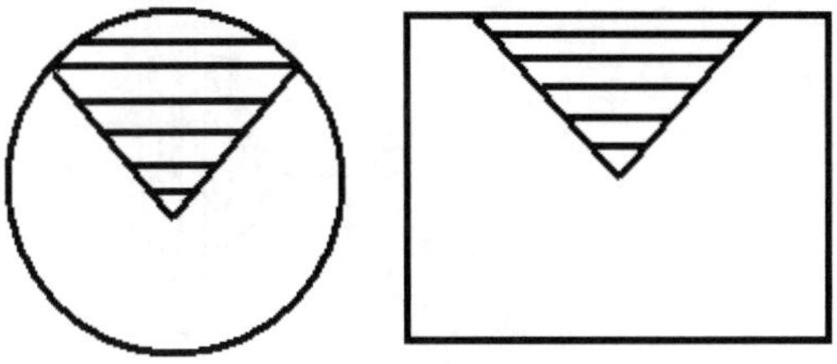

图 4-7　楔形节流件

当被测流体流经传感器时，楔形件的上下游将产生与流量成一定比例的静压力差 ΔQ，通过测量该压力差就可得到流量值。

其体积流量公式为

$$q_V = \alpha\varepsilon \cdot A\sqrt{\frac{2\Delta Q}{\rho_1}} = \frac{\pi}{4}\varepsilon \cdot m\alpha D^2\sqrt{\frac{2\Delta Q}{\rho_1}} \tag{4-7}$$

式中，q_V 为体积流量，m^3/s；D 为管道直径，m；A 为弓形流通面积；m 为弓形流通面积 A 与管道截面积之比；ρ_1 为节流件前流体密度，kg/m^3；ΔQ 为实际测得的差压，Pa；ε 为流体流束膨胀系数；a 为流量系数。

实际上，由于楔形节流件开口高度比较难以测量，所以弓形流通面积的大小就很难确定，因此往往将流量公式中的 $m\alpha D^2$ 通过实验单独标定，楔形流量传感器的测量精度也相当高。

根据楔形节流件与管道的连接方式，楔形流量传感器的结构可分为两种形式。当管道直径小于 50 mm 时，可采用分离式结构，楔形节流件和管道可以拆卸分离；当管道直径大于 50 mm 时，则一般采用整体式结构，楔形节流件和管道焊接成一体，不可以分离。

楔形流量传感器的优点不仅是能够测量悬浮液和高黏度流体，还在于在很低的管道雷诺数情况下，流量与差压之间仍能保持平方根关系，且结构简单，安装、使用和维修方便。

2. 皮托管流量测量

若能测出流体中某点的总压和静压，按照伯努利方程就可以求得该点的流速。该流速乘以该点所在管道截面积就得出流体的体积流量。皮托管就是依据这一原理进行测量的。

如图 4-8 所示，皮托管是一根双层结构的弯成直角的金属小管，在其头部迎流方向开有一总压孔 A，在总压孔 A 下游某处开有若干个静压孔 B。

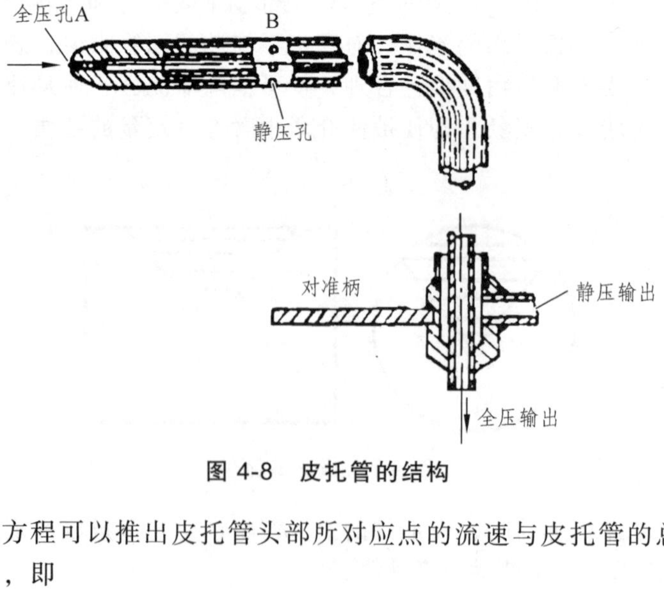

图 4-8　皮托管的结构

根据伯努利方程可以推出皮托管头部所对应点的流速与皮托管的总压和静压之差具有一定的关系，即

$$v = \alpha(1-\varepsilon)\sqrt{\frac{2(p_0 - p)}{\rho}}$$

式中，a 为皮托管校准系数，用于修正总压孔和静压孔的位置不一致及流体滞止过程中的能量损耗等因素造成的差异；$1-\varepsilon$ 为流体可压缩性影响系数；$Q_0 - Q$ 为总压和静压之差，即皮托管测得的动压力。

因此，流体的体积流量为

$$q_V = A\overline{v} = \alpha(1-\varepsilon)K_v A\sqrt{\frac{2(p_0 - p)}{\rho}} \tag{4-8}$$

式中，A 为测点所在截面的面积；K_v 为测点所在截面的平均流速与测点流速的之比，即 $K_v = \frac{\overline{v}}{v}$。

这里要说明的是，皮托管只能测量流体中某一点的流速，而流体在管道中流动时，同一截面上各点的流速是不同的，为了得到流量值，应该测出管道截面上的平均流速。由于管道中各种阻力件及管道粗糙度对流动的影响，从理论上很难给出流速分布的函数和平均流速的位置，因此用皮托管测量流量，通常的做法是将管道截面分成面积相等的若干个部分，然后测量出每一部分的特征点流速，并以该特征点流速代表每一部分的平均流速，最后再算出管道截面整体的平均流速。

第三节　均速管流量测量

一、测量原理

均速管，又称阿牛巴（Annubar）管，其结构如图 4-9 所示。

均速管是一根沿直径垂直插入管道中的中空金属杆（称为测量杆），在迎流面上开有成对的测压孔，一般说来是两对，但也有一对或多对的，其外形似笛。迎流面的多点测压孔测量的是反映平均流速的总压，与总压均值管相连通，引出平均全压。在背流面的中心处一般开有一只静压孔，与静压管相通，引出静压。然后取它们的差值，即得代表平均流速的差压。

均速管的测量原理：流过管道某一截面的连续流体，其体积流量与在此截面上测得的动压力（即总压与静压之差）的平方根成正比。

流体平均速度 $\overline{v}$ 和均速管输出差压 Δp 之间的关系可根据经典的伯努利方程得出：

$$\overline{v} = k\sqrt{\frac{2}{\rho}\Delta p} \tag{4-9}$$

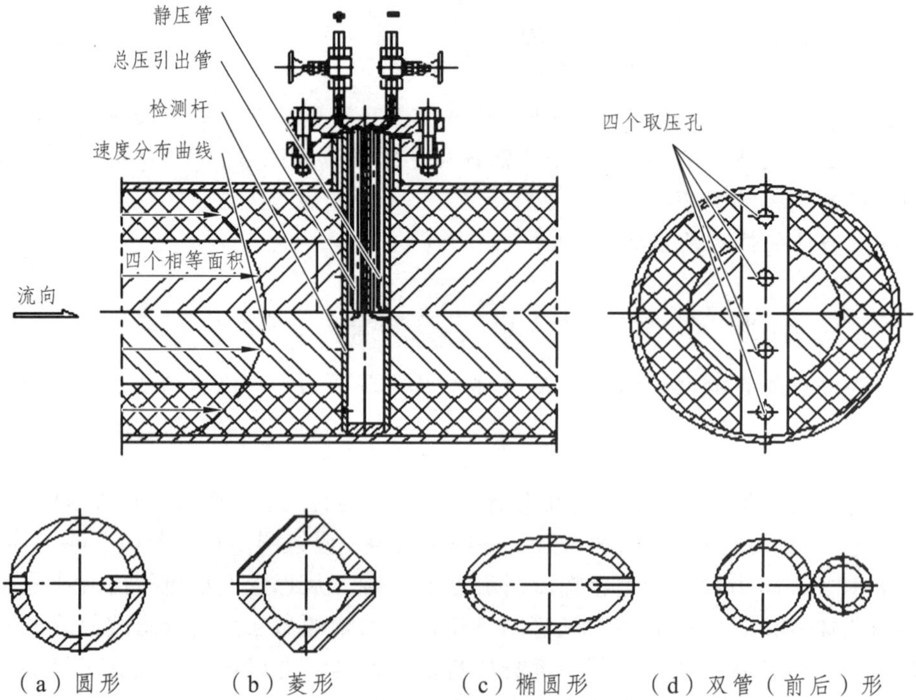

图 4-9　均速管结构图

式中，Δp 为全压与静压之差，Pa；ρ 为流体密度，kg/m^3；k 为校正系数。

均速管的流量公式为

$$q_V = a\varepsilon\frac{\pi}{4}D^2\sqrt{\frac{2}{\rho}\Delta p} \tag{4-10}$$

$$q_m = a\varepsilon\frac{\pi}{4}D^2\sqrt{2\rho\Delta p} \tag{4-11}$$

式中，q_V 为流体的体积流量，m^3/s；q_m 为流体的质量流量，kg/s；a 为工作状态下均速管的流量系数；ε 为工作状态下流体流过测量杆时的流束膨胀系数，对于不同压缩性流体 $\varepsilon=1$，对于可压缩性流体 $\varepsilon<1$；D 为工作状态下管道内截面面积，m。

二、总压的测定和测压孔的位置

均速管传感器的测量杆上之所以设有两对总压孔，是因为管道中的流速分布不均匀，为了提高测量精度，可将整个圆截面分成 4 个等单元面积，两个半圆和两个半环，使总压孔正好处于每个单元面积之中，然后在测量杆中将各点总压平均后从总压均值管中引出。

两对总压孔的位置，可按等分面积法求取。所谓等分面积法，就是将管道截面分割成内圆和外环的等效平均流速点，这些点就是全压孔的位置。这样，在流量变化的情况下均速管能有较好的适应能力，所反映的误差较小。

静压测量孔采用一个，是在位于测量杆的背流方向轴线位置开孔取静压。这是因为均速管按规范是处于位势流中，而位势流的前提是管道横截面上各点静压均相等，没有横向流动。从这个角度来看，一个背压测量孔已足够。为了防止流体的流量在测量过程中阻塞背压测量孔，目前有的均速管流量传感器采用多孔的背压取压。无论单孔取压还是多孔取压，由流量的基本公式可知，只要有效地测出均速管的输出差压，就可测出流体的流量值。

三、均速管的结构形式

按测量杆的截面形状，均速管应用最多的产品是圆形及菱形，20 世纪 80 年代中期也采用过机翼形截面。

圆形截面的均速管，流量系数的稳定区域为雷诺数 $Re<10^5$ 和 $Re>10^6$；当雷诺数 $Re=10^5\sim10^6$ 时，流量系数 α 则不稳定。这是由于圆形截面的均速管作为阻力件，自身存在着阻力，流体流经圆形截面的均速管时存在着分离点不同而导致它在迎流流体时，其上引起压力分布不同，从而引起了流量系数 α 的变化。

为了克服圆形截面存在流量系数不稳定区设计了菱形截面的均速管。菱形截面无论雷诺数的数值 Re 是多少，其分离点都是确定不变的，从而较好地解决了均速管流量传感器在测量气体、蒸汽流量时不稳定区的困难。

圆形截面和菱形横截面的均速管，都存在着不可恢复的压力损失，但是相对比较小，仅占输出差压的 2%左右。

为了进一步减少流体通过测量杆时的迎流阻力，减小压力损失，20 世纪 80 年代中期均速管采用了机翼形截面，但是其输出差压更小，和圆形截面或菱形截面相比差压减少了 50%。由于差压过低，工作起来必须采用配套较为昂贵的微差压变送器，这种情况下工作，使得测量不稳定。

均速管流量传感器结构简单，作为一种插入式传感器，其安装、拆卸方便，维修方便，而且压损小，能耗小。长期运行，其节能效果非常好。此外，它的准确性和稳定性较好，适用于液体、气体和蒸汽等多种介质的流量测量。在实际应用过程中，均速管的输出差压较低是它的一大弱点。

第四节　浮子流量测量

浮子流量测量具有悠久的历史，由于结构简单、刻度直观、使用维护方便、压损小而恒定等优点，所以它被广泛应用于工业流量测量领域。浮子流量计作为直观流动指示或测量精确度要求不高的现场指示仪表，占浮子流量计应用的 90%以上，被广泛用于电力流程和污水处理等公用事业。

浮子流量测量是以浮子在垂直锥形管中随着流量变化而升降，改变它们之间的流通面积来进行体积流量的测量技术，又称转子流量测量。

一、测量原理和结构

1. 结构原理

浮子流量传感器的结构如图 4-10 所示，它的流量测量元件是由一根自下向上扩张的垂直锥形管和一个置于锥形管中并可沿着锥管轴上下自由移动的浮子组成。被测流体从下向上经过锥形管和浮子形成的环隙时，浮子上下端产生差压形成浮子上升的力，当浮子所受上升力大于浸在流体中浮子重力时，浮子便上升，环隙面积随之增大，环隙处流体流速立即下降，浮子上下端差压降低，作用于浮子的上升力也随着减少，直到上升力等于浸在流体中浮子重力时，浮子便稳定在某一高度。在稳定工况下，浮子在锥管中高度和通过的体积流量之间有一定的比例关系。因此，可以根据浮子的位置得到体积流量。

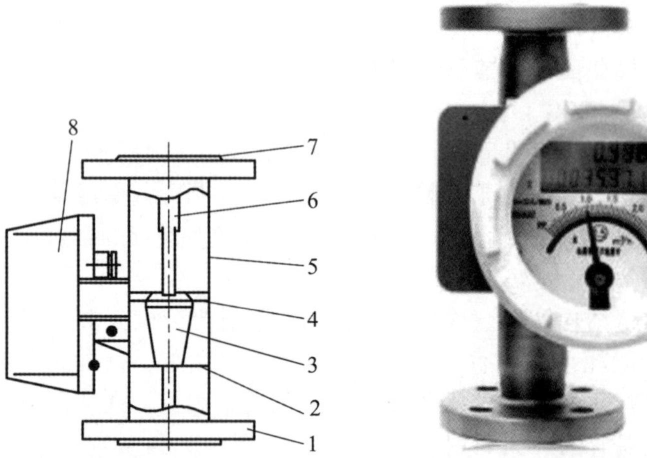

1—连接法兰；2—浮子导向盘；3—浮子；4—测量体；5—管体；6—浮子止挡；7—弹簧卡圆；8—指示器。

图 4-10 浮子流量传感器的结构

2. 流量公式

当流体沿测量元件的锥形管自下而上地通过浮子而使浮子稳定地悬浮在某一高度时，浮子主要受 3 个力的作用而处于平衡状态。

（1）迎面差压阻力。

流体流经浮子时，由于节流作用，使得浮子上下游产生差压Δp，该差压的大小和流体在浮子与锥形管壁间环形通道中的平均流速的平方成正比，即

$$\Delta p = C\frac{1}{2}\rho\overline{v}^2 \quad (4\text{-}12)$$

所以，迎面差压阻力为

$$F_1 = \Delta p \cdot F_f = C\frac{1}{2}\rho\overline{v}^2 F_f \quad (4\text{-}13)$$

式中，F_f为浮子工作直径（最大直径）处的横截面积，m^2；$\overline{v}$为流体流经环形面积时的平均流速，m/s；ρ为被测流体密度，如被测介质为气体则为浮子上游横截面上的密度，kg/m^3；C为阻力系数。

（2）浮子受到的浮力。

$$F_2 = V_f \rho g \quad (4\text{-}14)$$

式中，V_f为浮子体积，如有延伸体也应包括，m^3；g为当地重力加速度，m/s^2。

（3）浮子自重。

$$W = V_f \rho_f g \quad (4\text{-}15)$$

式中，ρ_f为浮子材料密度，kg/m^3。

在稳定工况下，即浮子在流体中处于平衡时，有

$$W = F_1 + F_2 \quad (4\text{-}16)$$

将式（4-13）、（4-14）和（4-15）代入式（4-16），可得

$$\overline{v} = \sqrt{\frac{2V_f(\rho_f - \rho)g}{CF_f\rho}} \quad (4\text{-}17)$$

由此可以看出，不管浮子停留在什么位置，流体流过环形面积的平均流速$\overline{v}$是一个常数。引入流体膨胀系数，可推得体积流量公式：

$$q_V = \Delta F \varepsilon \overline{v} = a\varepsilon\Delta F\sqrt{\frac{2gV_f(\rho_f - \rho)}{\rho F_f}} \quad (4\text{-}18)$$

式中，ΔF为流通环形面积，m^2；a为仪表的流量系数，等于$\sqrt{1/C}$，因浮子形状而异；ε为被测流体为气体时气体膨胀系数，通常由于此系数校正量很小而被忽略，且通过校验已将它包括在流量系数内，如为液体则$\varepsilon = 1$。

当浮子为非实心中空结构（放负重调整量）时，则

$$q_V = a\varepsilon\Delta F\sqrt{\frac{2g(G_f - V_f\rho)}{\rho F_f}} \quad (4\text{-}19)$$

式中，G_f为浮子质量，kg。

流通环形面积与浮子高度之间的关系如式（4-20）所示，当结构设计已定，则d、

β 为常量。式中有 h 的二次项，一般不能忽略此非线性关系，只有在圆锥角很小时，才可视为近似线性。

$$\Delta F = \pi\left(dh\tan\frac{\beta}{2} + h^2\tan^2\frac{\beta}{2}\right) = ah + bh^2 \tag{4-20}$$

式中，d 为浮子最大直径（即工作直径），m；h 为浮子从锥管内径等于浮子最大直径处上升高度，m；β 为锥管的圆锥角；a、b 为常数。

将式（4-20）代入（4-18），可得

$$q_V = a\varepsilon(ah + bh^2)\sqrt{\frac{2g(G_f - V_f\rho)}{\rho F_f}} \tag{4-21}$$

可见，对于一定的锥形管和一定的流体，G_f、V_f、ρ、F_f、β 和 d 等均为常数，体积流量 q_V 是流量系数 a 和浮子高度 h 的函数。只要能够保持仪表的流量系数 a 为常数，则体积流量 q_V 与浮子高度 h 之间就存在一一对应的关系，当圆锥角很小时，体积流量与浮子高度呈线性关系。测得浮子高度就可得到体积流量。但是，流量系数 a 与浮子的几何形状和流动雷诺数有关。形状一定时，当雷诺数大于某一界限雷诺数，流量系数将趋于一个常数，体积流量和浮子高度之间呈基本线性关系。当实际雷诺数小于界限雷诺数时，流量系数将随雷诺数变化，同时被测介质密度也会发生变化，必须进行修正。

这里还要说明的是在浮子流量测量过程中，始终保持浮子前后的压降不变，所以浮子流量测量又称为恒压降流量测量，有时可以将这种特例归为差压式流量测量类。

二、浮子流量测量仪表的分类及特点

1. 分　类

浮子流量测量仪表有两大类，即透明锥形管浮子流量计和金属管浮子流量计。

透明锥形管浮子流量计的透明锥形管最普遍是由硼硅玻璃制成，习惯简称玻璃管浮子流量计，流量分度直接刻在锥管外壁上，或者锥管旁另装分度标尺。锥管内腔有圆锥体平滑面和带导向棱筋（或平面）两种，浮子在锥管内自由移动，或在锥管棱筋导向下移动，对于较大口平滑面内壁仪表还可采用导杆导向。透明管浮子流量计以就地指示为主，装有接近开关，作流量上下限报警信号输出。

金属管浮子流量计可用于测量具有较高介质温度和压力的被测流体的流量。金属管浮子流量计即可就地显示，也可把浮子的位移量转换成电流或气压模拟量信号输出，构成电远传和气远传浮子流量计。被测流体自下而上流过锥管时，浮子发生运动，通过连动杆带动铁心相对差动变压器产生位移，从而改变了输出差动电势。这样就实现了流量到浮子的位移，再到电信号的转换。测量输出差动电势就可得流量的大小。

此外，通常浮子流量计的仪表刻度的流量范围根据被测介质而定，液体是常温水标定值，气体是空气标定换算到工程标准状态（20°C，0.101 33 MPa）的值。当实际使用状态的介质密度不同时，需要进行压力和温度的量程修正。

2. 特　点

（1）浮子流量测量适用于中小管径、低流速和较低雷诺数的单相液体或气体流体。

（2）绝大部分浮子流量计必须垂直安装在无振动的管道上，流体自下而上流过仪表。它们对上游直管段要求不高，或者说没有上游直管段要求。

（3）测量的流量范围较宽，范围度一般为 10∶1。

（4）流量测量元件的输出接近于线性，压力损失较低。

（5）测量精度易受被测介质密度、黏度、温度、压力、纯净度、安装质量等因素的影响。

第五节　涡轮流量测量

涡轮式流量测量是利用置于流体中的涡轮的旋转角速度与流体速度成比例的关系，通过测量涡轮的转速来反映通过管道的体积流量，是目前流量测量中技术比较成熟的高精度测量技术。

一、测量原理与结构

1. 测量原理

如图 4-11 所示，被测流体流入传感器，经过导流体冲击叶轮。由于涡轮的叶片与流体流向之间有一倾角，流体的冲击力对涡轮产生转动力矩，使涡轮克服机械摩擦阻力矩和流动阻力矩开始旋转。当转动力矩与机械摩擦阻力矩、流动阻力矩相平衡时涡轮便恒速旋转。实践证明，在一定的流量范围、一定的流体介质黏度下，涡轮的旋转角速度与通过涡轮的流量成正比，因此可以通过测量涡轮的旋转角速度来测量体积流量。

涡轮的旋转角速度一般都是通过安装在传感器壳体外部的信号测量放大器用磁电感应的原理来测量转换的。当涡轮转动时，涡轮上由磁性制成的螺旋形叶片轮流接近和离开固定在壳体上的永久磁钢外部的磁电感应线圈，周期性地改变感应线圈磁电回路的磁阻，使通过线圈的磁通量发生周期性变化，从而产生与流量成正比的交流电脉冲信号。此脉冲信号经信号测量放大器放大整形后送至显示仪表或计算机显示流体瞬时体积流量或总量。

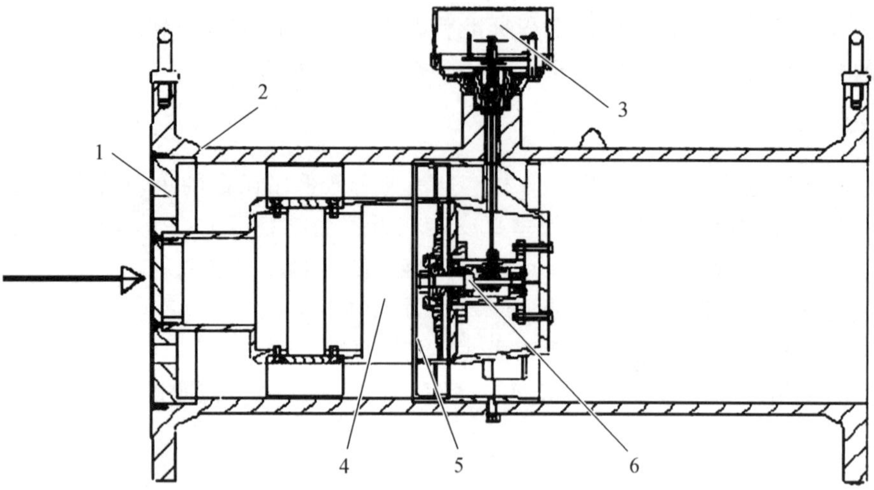

1—整流器；2—壳体；3—机械计数器；4—机芯舱体；5—叶轮；6—轴承。

图 4-11　涡轮流量测量原理图

当涡轮处于均速转动的平衡状态时，忽略机械摩擦阻力矩，可写出涡轮的角速度公式：

$$\omega=\frac{v\tan\beta}{r} \tag{4-22}$$

式中，ω 为涡轮的角速度；v 为作用于涡轮上的流体轴向速度；r 为涡轮叶片的平均半径；β 为叶片对涡轮轴线的倾角。

此时磁电感应线圈输出的交流电脉冲信号的频率为

$$f=\frac{\omega}{2\pi}Z \tag{4-23}$$

式中，Z 为涡轮上的叶片数。

管道内流体的体积流量为

$$q_V=Av \tag{4-24}$$

式中，A 为传感器的有效流通面积。

将式（4-22）、（4-24）代入公式（4-23），可得

$$f=\frac{Z\tan\beta}{2\pi rA}q_V=kq_V \tag{4-25}$$

式中，k 为仪表系数，与传感器的结构有关，其意义是单位体积流量通过涡轮流量传感器时传感器输出的信号脉冲频率（或信号脉冲总数）。

在涡轮流量传感器的使用范围内，仪表系数 k 应为常数，其数值由实验标定得到。每一台涡轮流量传感器的校验合格证上都标明经过实流校验测得的仪表系数 k 值。

所以，当测得传感器输出的信号频率 f，除以仪表系数 k（$1/L$ 或 $1/m^3$）就可得到体积流量 q_V（L/s 或 m^3/s），即

$$q_V = \frac{f}{k} \tag{4-26}$$

如果得到的是传感器在某一时间内的脉冲总数 N 后，同样除以仪表系数 k（$1/L$ 或 $1/m^3$）就可得到流体总量 V（L 或 m^3），即

$$V = \frac{N}{k} \tag{4-27}$$

2. 结　构

涡轮流量传感器主要由仪表壳体、导流器、涡轮、轴承和信号测量放大器等组成。

（1）仪表壳体。

仪表壳体是传感器的主体部件，起到承受被测流体的压力，固定安装测量部件、连接管道的作用。壳体内装有导流体、涡轮、轴、轴承，壳体外壁安装有信号测量放大器。

（2）导流体。

导流体安装在传感器进出口处，对流体起导向整流以及支承涡轮的作用，避免回流体自旋而改变流体对涡轮叶片的作用角。

（3）涡轮。

涡轮是传感器的测量部件，它的作用是把流体动能转换为机械能。涡轮由支架中轴承支承，与壳体同轴，其叶片数视口径大小而定。涡轮几何形状及尺寸对传感器性能有较大影响，根据流体性质、流量范围、使用要求等设计，涡轮的动态平衡很重要，直接影响仪表的性能和使用性能。

（4）轴和轴承。

轴和轴承组成一对运动副，支承和保证涡轮自由旋转。它需要有足够的刚度、强度和硬度、耐磨性、耐腐性等，决定着传感器的可靠性和使用寿命。传感器失效通常由轴和轴承引起，因此它的结构与材料的选用以及维护是重要问题。实际使用滚动轴承、滑动轴承，甚至流体轴承。

（5）信号测量放大器。

信号测量放大器的作用是把涡轮的机械转动信号转换成电脉冲信号输出，一般采用变磁阻式，由永久磁钢、导磁棒（铁心）、磁电感应线圈等组成。由于线圈感应得到的信号较小，需配上信号测量放大器放大、整形输出幅值较大的电脉冲信号。

3. 特　点

（1）涡轮流量传感器测量精度高，可达 ±0.5%。

（2）测量范围宽，量程比通常为 6∶1～10∶1，有的甚至可达 40∶1，适用于流量大幅度变化的场合。

（3）重复性好、压力损失小、耐高压、耐腐蚀，安装维修方便，结构简单，安装使用方便。

（4）传感器的输出的是数字信号，便于远距离传送和计算机数据处理，无零点漂移，抗干扰能力强。

但是受来流流速分布畸变和旋转流等影响较大，传感器前后需要较长的直管段；对被测介质清洁度要求较高，限制了其使用领域；流体密度、黏度对流量特性的影响较大；传感器的仪表系数一般是在常温下用水标定的，当流体密度、黏度发生变化时需要重新标定或者进行补偿管道的整体流量。

插入式涡轮流量传感器与插入涡街、插入电磁，以及皮托管都属于点流式插入流量传感器。这类传感器实际上是一台流速传感器，它测量管道中某个特定的局部流速（平均流速点或最大流速点），然后根据管道内的流速分布及仪表和管道的几何参数等推算出流量值。这类传感器主要用于测量大型管道的流量。

插入式涡轮流量传感器的测量头比较小，可以插到管道的相应位置。它最大的优点是，可在不断流的情况下插入或取出测量头，进行维护或检修。

插入式涡街流量传感器一般都做成带测量短管的形式，直接输出与流量成正比的频率信号，结构上并不能将漩涡发生体自由地插入或卸出。

点流式插入式流量传感器的一个关键技术是，必须知道流速在管道截面的分布情况，判别平均流速点位置或最大流速位置。

二、光纤涡轮流量传感器

光纤涡轮流量传感器是用光纤束取代由永久磁钢、导磁棒（铁心）、磁电感应线圈等组成的测量信号放大器，把涡轮的机械转动信号转换为电脉冲信号输出的。

光纤涡轮流量传感器是在涡轮叶片顶端上贴一小块具有高反射率的薄片或镀有一层反射膜，其信号测量装置由光纤束、光源、光电探测器等组成。光纤束是由几百根至几千根芯径为几十微米的多模阶跃型光纤集束而成，分为发送光纤束和接收光纤束，并设计成Y形结构。发送光纤束和接收光纤束在汇集处端面的分布为发送光纤束在内、接受光纤束在外的同轴分布。光源通过发送光纤束把光线照射到涡轮叶片上，接收光纤束接收反射光，并传送给光电探测器。

光纤涡轮流量传感器的测量原理是，当被测流体沿管道流过涡轮叶片时，涡轮叶片将产生旋转。当叶片顶端正好对准光纤端面时，光将发生反射，该反射光由接收光纤接收，并传送到光电探测器上，光电接收器将光信号转换成电信号；当叶片顶端偏离光纤端面时，光没有反射，光电接收器无信号输出。这样就把涡轮的旋转角速度信号转换成电脉冲信号输出，该信号的频率与被测流体的流量具有对应关系。

光纤涡轮流量传感器具有重复性和稳定性好，不易受电磁、温度等环境因素干扰的特点。其主要缺点是只能用来测量透明的气体或液体，不允许流体中有不透明杂质出现，否则必须在涡轮前应安装过滤装置。

第六节　涡街流量测量

漩涡流量测量是 20 世纪 70 年代发展起来的一种新型流量测量方法，它是利用流体振动原理来进行流量测量的，即在特定的流动条件下，一部分流体动能转化为流体振动，其振动频率与流速（流量）有一定的比例关系。因其具有许多优点，在某些领域已部分取代了差压式流量传感器或其他类型的流量传感器。

一、测量原理与结构

涡街流量传感器是根据“卡门涡街”原理工作的一种流体振荡型仪表。在流体中放置一个有对称形状的非流线型阻流体时，从阻流体下游两侧就会交替产生两列有规则的漩涡。在一定的流量范围内漩涡分离的频率与管道内的平均流速成正比，与阻流体的宽度成反比，所以测量出漩涡分离频率便可算出流体的体积。

1. 测量原理

在流体中设置非流线型阻流体，随着流体绕过漩涡发生体流动，产生附面层分离现象，形成有规则的漩涡列，左右两侧漩涡的旋转方向相反，如图 4-12 所示。这种漩涡称为卡门涡街，产生漩涡的非流线型阻流体称为漩涡发生体。

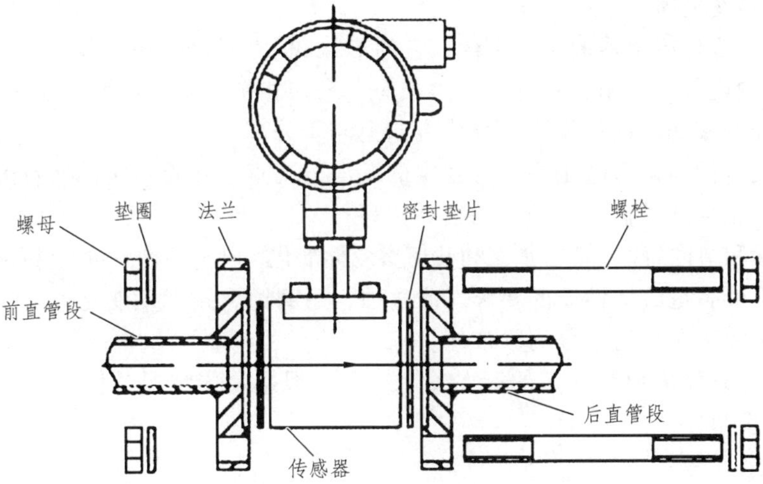

图 4-12　涡街流量传感器结构与原理

漩涡列在漩涡发生体下游非对称地排列。根据卡门涡街原理，漩涡脱离漩涡发生体的频率为

$$f=\frac{S_t}{md}\overline{v} \tag{4-28}$$

式中，d 为漩涡发生体迎面宽度；f 为漩涡脱离漩涡发生体的频率；$\bar{v}$ 为漩涡发生体两侧的平均流速，m/s；s_r 为斯特劳哈尔数，与漩涡发生体的形状及雷诺数有关，对于一定形状的漩涡发生体，在一定雷诺数范围内，s_r 基本上是一个常数；m 为漩涡发生体两侧弓形面积与管道横截面面积之比。

$$m = 1 - \frac{2}{\pi}\left[\frac{d}{D}\sqrt{1-\left(\frac{d}{D}\right)^2} + \arcsin\left(\frac{d}{D}\right)\right] \tag{4-29}$$

式中，D 为管道内径。

所以，管道内的瞬时体积流量为

$$q_v = \frac{\pi}{4}D^2\bar{v} = \frac{\pi D^2}{4s_t}mf = kf \tag{4-30}$$

在斯特劳哈尔数为常数的情况下，涡街流量传感器输出的脉冲频率与体积流量成正比，这种关系只与漩涡发生体的形状和管道的几何尺寸有关，不受流体的温度、压力、密度和黏度等因素的影响。

2. 结　构

涡街式流量测量仪表由传感器和转换器两部分组成，传感器包括漩涡发生体（阻流体）、测量元件、仪表表体、安装架和法兰等；转换器包括前置放大器、滤波整形电路、接线端子、支架和防护罩等。

（1）漩涡发生体。

漩涡发生体是传感器的主要部件，它的形状和尺寸与仪表的流量特性（仪表系数、线性度、范围度等）和阻力特性（压力损失）密切相关，对它的要求如下：

① 能控制漩涡在漩涡发生体轴线方向上同步分离；

② 在较宽的雷诺数范围内，有稳定的漩涡分离点，保持恒定的斯特劳哈尔数；

③ 能产生强烈的涡街，信号的信噪比高；

④ 形状和结构简单，便于加工和几何参数标准化，以及各种测量元件的安装和组合；

⑤ 材质应满足流体性质的要求，耐腐蚀，耐磨蚀，耐温度变化；

⑥ 固有频率在涡街信号的频带外。

目前已经开发出形状繁多的漩涡发生体。应根据具体情况，保证上述要求，选择合理的漩涡发生体。

（2）测量元件。

漩涡频率的检测是涡街流量传感器的关键。

由流体力学原理可知，在每个漩涡产生并流动时，它会在体壁上产生一个侧向力，漩涡发生体便受到一个周期振动力的作用。如果漩涡发生体具有弹性，则将产生振动。同时，漩涡发生体周围流体会同步发生流速、压力变化和下游尾流周期振荡。根据这些现象可以进行漩涡分离频率的测量。综合起来测量技术可概括为以下两大类。

① 受力测量类，即测量漩涡发生后在漩涡发生体上受力的变化频率。一般可用应力、应变、电容、电磁等测量技术。

② 流速测量类，即测量漩涡发生后在漩涡发生体附近的流动变化频率。一般可用热敏、超声、光电（光纤）等测量技术。

不管采用哪一种测量技术，就其测量漩涡分离频率信号的方式主要有 5 种方式：

① 用设置在漩涡发生体内的测量元件直接测量发生体两侧差压；

② 在漩涡发生体上开设导压孔，在导压孔中安装测量元件测量发生体两侧差压；

③ 测量漩涡发生体周围交变环流；

④ 测量漩涡发生体背面交变差压；

⑤ 测量尾流中漩涡列。

根据这 5 种测量方式，采用不同的测量技术，如热敏、超声、应力、应变、电容、电磁、光电、光纤等可以构成不同类型的涡街流量传感器。

（3）转换器。

测量元件把涡街信号转换成电信号，该信号既微弱又含有不同成分的噪声，必须进行前置放大、滤波、整形等处理才能得出与流量成比例的脉冲信号，或者转换成标准电流信号输出。

（4）仪表表体。

仪表表体可分为夹持型和法兰型，分别与管道采用法兰连接方式和法兰夹装方式连接。

3. 特　点

（1）涡街流量传感器具有精确度比较高，一般可达（±1%～±2%）R。

（2）测量范围宽，范围度可达 10：1 或 20：1。

（3）管道内无可动部件，可靠性高，压损小（约为孔板流量计 1/4～1/2）。

（4）结构简单牢固，安装维护方便费用较低。

（5）适用流体种类多，可适用液体、气体、蒸汽和部分混相流体的流量测量。

（6）它的输出为脉冲频率，其频率与被测流体的实际体积流量成正比，适用于总量计量，无零点漂移。

（7）在一定雷诺数范围内，输出频率信号不受流体物性（密度，黏度）、组分、压力和温度的影响，即流量和频率的正比关系仅与漩涡发生体及管道的形状尺寸有关，因此在一种典型介质中校验后可适用于各种介质。

但是漩涡分离的稳定性受流速分布畸变及旋转流的影响，应根据上游侧不同形式的漩涡发生体配置足够长的直管段（上游侧不小于 $20D$、下游侧不小于 $5D$）或装设流动调整器（整流器）；漩涡分离时管内局部压力会明显下降，测量液体时，当压力下降到液体当时温度所对应的饱和蒸汽时，将发生气蚀现象，因此上限流速受压损和气蚀现象限制。脉动流、混相流中对测量有影响，在某些情况下甚至难以形成涡街，仪表无法工作。涡街流量测量方法在低雷诺数情况下，斯特劳哈尔数变化比较大，不适用于低雷诺数的流量测量（$Re_D<2\times10^4$），因此在高黏度、低流速、小口径情况下应用受到限制。

二、几种典型的涡街流量传感器

涡街式流量传感器按测量方式分为应力式、热敏式、电容式、超声式和光纤式等涡街流量测量等。

1. 应力式涡街流量传感器

应力式涡街流量传感器是利用漩涡发生后在漩涡发生体上受力的变化频率来测量漩涡频率的。在漩涡发生体内（或漩涡发生体的外部）埋置压电元件，利用压电元件对应力的敏感性，将它受到的交变应力转换为交变的电荷信号，经电荷放大、滤波、整形后即得到与漩涡分离信号相应的脉冲信号或电流信号。

压电传感器响应快、信号强、工艺性好、制造成本低、与测量介质不接触、可靠性高。仪表的工作温度范围宽，现场适应性强，可靠性较高，它是目前应力式涡街流量传感器的主要产品类型。但是，它的主要缺点是对管道振动较敏感。生产厂家多年来进行大量工作，在仪表本身结构、测量位置以及信号处理等方面采取措施取得良好效果，在管道安装减振方面也下了工夫。

2. 电容式流量传感器

在漩涡发生体两侧面（或漩涡发生体外部）设置差动电容传感器，其结构原理是安装在涡街流量传感器中的电容测量元件相当于一个悬臂梁。当漩涡产生时，在两侧形成微小的压差，使振动体绕支点产生微小变形，从而导致一个电容间隙减少，电容量增大；另一个电容间隙增大，电容量下降，通过差分电路测量电容差值。该电容差值与漩涡分离频率存在对应关系。

电容式流量传感器有两个主要的优点。一是耐振性能好，当管道有振动时，不管振动是何方向，由振动产生的惯性力同时作用于振动体及电极上，使振动体与电极都在同方向上产生变形，由于设计时保证了振动体与电极的几何结构与尺寸相匹配，使它们的变形量一致，差动信号为零。虽然由于制造工艺的误差，不可能完全消除振动的影响，但大大提高了耐振性能。实验证明，其耐振性能超过 1 g。二是可耐高温达 400 °C，温度对电容测量元件的影响有两方面：温度使电容间介电常数发生变化和电极的几何尺寸随温度而变，这些导致电容值发生变化，另一方面由于温度升高金属热电子发射造成电容的漏电流增大。实验证明，当温度升高至 400 °C 时无论电容值变化或漏电流增大都未影响仪表的基本性能。

3. 热敏式流量传感器

热敏式流量传感器是采用对流速敏感的热敏元件，通过测量因漩涡分离引起的流速变化来反映分离频率，其把自热式热敏电阻置于漩涡发生体底部或适当部位。

两只热敏电阻对称地嵌入漩涡发生体迎流面中间，与其他两只固定电阻构成一个电桥。电桥通以恒定电流使热敏电阻的温度升高。在流体为静止或漩涡发生体未发生漩涡时，两只热敏电阻温度一致，阻值相等，电桥无电压输出。当漩涡发生体两侧交替发生漩涡时，由于局部流速的变化，热敏电阻的阻值改变，引起电桥输出一系列与漩涡分离频率相对应的电压脉冲，经差动放大、滤波、整形输出涡街脉冲信号。

热敏式流量传感器的测量灵敏度较高，下限流速低，对振动不敏感，可用于清洁、无腐蚀性流体测量。

4. 超声波涡街流量传感器

在漩涡发生体下游对称安装两对超声波发射换能器及接收换能器 T_1、R_1、T_2、R_2，探头 T_1、T_2 发射高频等幅连续声信号，声波横穿流体传播。当声波穿过漩涡时，引起声束偏转，每一对旋转方向相反的漩涡对声波产生一个周期的调制作用，受调制声波被接收探头 R_1、R_2 转换成电信号，经放大、检波、整形后得漩涡信号。

超声波涡街流量传感器具有较高测量灵敏度，下限流速较低，但温度对声调制有影响，流场变化及液体中含气泡对测量影响较大，所以一般用于温度变化小的气体和含气量微小的液体流量测量。

第七节　电磁流量测量

电磁式流量测量是根据法拉第电磁感应定律进行流量测量的，是目前广泛应用于各种电导率大于 10^{-5} S/cm 的导电流体的流量测量。

一、测量原理与结构

1. 测量原理

根据法拉第电磁感应定律，当导体在磁场中作切割磁力线运动时，在导体的两端中便会有感应电动势产生，其大小与磁场的磁感应强度、导体在磁场内的有效长度及导体的运动速度成正比，其方向由右手定则确定。与此相似，电磁流量传感器是在非磁性管道中测量导电流体的平均流速。

在非磁性导管上装有一套励磁绕组，在与测量管轴线和磁场磁力线相互垂直的管壁上安装一对测量电极。当通入励磁电流后，产生一个与导管相垂直的磁场，导电的流体介质在磁场中作垂直方向流动而切割磁力线时，也会在管道两边的电极上产生感应电动势，这个电动势由测量电极输出。感应电动势的方向由右手定则确定，只要管

道内流速分布为与轴对称分布，其大小为

$$E = BD\overline{v} \tag{4-31}$$

式中，E 为感应电势；B 为磁感应强度；D 为测量管道直径，即导电流体垂直切割磁力线的长度，也是测量电极间的距离；$\overline{v}$ 为测量管内被测流体在横截面上的平均流速。

式（4-31）中当磁场感应强度 B 恒定不变，测量管直径 D 为常数，则感应电动势 E 与被测流体流速 $\overline{v}$ 成正比。

通过测量管横截面上的瞬时体积流量 q_V 与流速 $\overline{v}$ 之间的关系为

$$q_V = \frac{\pi D^2}{4}\overline{v} \tag{4-32}$$

将式（4-32）代入式（4-31）得

$$q_V = \frac{\pi D}{4B}E = kE \tag{4-33}$$

式中，k 为仪表常数。

由上式可知，当测量管结构一定，体积流量 q_V 与 $\frac{e}{B}$ 成正比。当感应强度 B 为恒定值时，仪表常数 k 为确定的数值，体积流量 q_V 与感应电动势 E 成正比。这个关系式只与磁感应强度和管道的几何尺寸有关，不受流体的温度、压力、密度和黏度等因素的影响。

2. 电磁流量计的结构

电磁流量计在结构上一般由电磁流量传感器和电磁流量转换器两部分组成。传感器安装在生产过程工艺管道上感受流量信号，并将流量信号转换为电动势信号；转换器将来自传感器的低电平毫伏信号进行放大，并转换成标准信号，以便于进行显示、记录、积算和调节控制。一般情况下，传感器和转换器是分体的，也有的将转换器和传感器装在一起，组成一体型电磁流量计。

（1）电磁流量传感器。

电磁流量传感器主要由测量管、励磁系统、电极、衬里及干扰调整机构等外壳部分组成。为了使传感器稳定可靠地工作，准确地感受测量信号，传感器应满足如下要求：能提供一个足够大的且与流量成正比的电势信号；能把干扰信号抑制到最低程度，使信噪比足够大；能适应恶劣环境条件，工作可靠。

① 测量管。

测量管是一根由绝缘衬里的高阻抗非磁性材料制成的直管段，其作用是让被测液体通过。它位于传感器中心，两端带有法兰或其他形式的装置与管道连接。测量管的非导磁材料是为了让磁力线能顺利地穿过测量管进入被测介质，高阻抗是为了减少电涡流，内部衬有绝缘材料（绝缘衬里）是为了防止电极上的流量信号被金属管壁短路。

② 励磁系统。

励磁系统是指在测量管外侧上、下各安装的一组线圈和铁心，用以产生励磁方式所规定波形的磁场。其中分段绕组式励磁系统可以减小流量传感器的体积，保证磁场均匀，目前应用比较广泛。

③ 电极。

电磁流量传感器的电极一般由非导磁的不锈钢材料制成，安装在与磁场垂直的测量管两侧管壁上，宜在管道的水平方向，它的作用是把被测介质切割磁力线所产生的感应电势信号（流量信号）引出，并防止沉淀物堆积在电极上而影响测量精度。电极要与衬里齐平，以便流体通过时不受阻碍。

④ 衬里。

衬里是指在测量管内侧及法兰密封面上的一层完整的电绝缘耐蚀材料。绝缘衬里直接接触被测介质，主要作用是增加测量导管的耐磨与耐蚀性，防止感应电动势被金属测量导管管壁短路。有的采用工业陶瓷衬里，它耐腐蚀、耐磨损、高温高压下不变形，电极与衬里间相烧结以解决管壁渗漏问题。

⑤ 外壳。

一般用铁磁材料制成，它既起保护传感器的作用（励磁线圈的外罩），又起密封作用。

此外，如采用正弦波励磁方式，传感器还应有干扰调整机构。该机构实际上是一个"变压器调零"装置，可以抑制由于"变压器效应"而产生的正交干扰。

（2）电磁流量转换器。

流体流动产生的感应电势十分微弱，采用 50 Hz 交流电源供电，因而各种干扰因素的影响很大。电磁流量转换器的作用是把电磁流量传感器输出的毫伏级电压信号放大，并转换成与被测介质体积流量成正比的标准电流、电压或频率信号输出，同时能抑制主要的干扰信号。

根据电磁流量计的测量特点，转换器应满足下列要求：

① 线性放大能力。

转换器应具有高稳定性能的线性放大器，能把毫伏级流量信号放大到足够高的电平，并线性地转换成标准电信号输出。

② 转换器具有很高的输入阻抗。

由于感应电动势的通道是两个电极间的液体，被测液体的导电性能往往很低，例如 100 mm 管径，被测介质是蒸馏水时，内径约为 20 kΩ。转换器的输入阻抗越高，测量时就越不容易受传感器内阻变化的影响，可测介质的电导率下限也可降得越低。另外，也扩大了电磁流量计的应用范围。考虑到分布电容的影响，故一般希望转换器的输入阻抗要大于 10 MΩ，最好要超过 100 MΩ。

③ 转换器能够分辨和抑制各种干扰信号。

根据不同的励磁方式，转换器应有相应的措施抑制或消除各干扰信号的影响。

如果采用工频正弦波励磁方式，则存在电磁感应产生正交干扰和与感应电势同相位的共模干扰信号。对于正交干扰信号，一方面在传感器中增加干扰调整机构调零，另一方面在转换器中利用正交干扰电压自动补偿降低正交干扰电势的影响，即将经过主放大器放大后的正交干扰信号通过相敏检波的方式鉴别分离出来，然后反馈到主放大器的输入端，以抵消输入端进来的正交干扰信号。对于共模干扰信号，可在转换器的前置放大级采用差分放大电路，以利用差分放大器的高共模抑制比，使进入转换器输入端的同相干扰信号得不到放大而被抑制。在转换器的前置放大器中增加恒流源电路，能更好地抑制同相干扰。

对于矩形波励磁方式，应避开上升沿和下降沿处的微分干扰采样流量信号。

④ 应能消除电源电压和频率波动的影响。

感应电动势与磁场强度有关。如果励磁电源电压和频率有波动，必然要引起磁场强度的变化，从而影响测量的正确性。因此，必须在转换器部分采取措施，以消除电源波动的影响。

对于交流正弦波励磁的电磁流量传感器，磁感应强度 B 也为正弦信号。当电源电压或频率波动时，也会使感应电动势 E 波动。所以，在测量流量信号时，如果只测量电势信号 E，就会使仪表的工作受电压和频率波动的影响。为了消除电源电压和频率波动的影响，可采用测量比值 E/B，而不是仅测量 E 的方法。这样，从流量的基本测量关系式可知，当管道直径 D 固定时，所测得的信号 E/B 恰能反映瞬时体积流量 q_V，消除电源电压和频率的影响。

对于矩形波励磁的电磁流量传感器，由于磁场强度已基本不受电源的影响，可直接避开微分干扰采样流量信号。

3. 电磁流量计的特点

（1）无机械惯性，反应灵敏，可以测量瞬时脉动流量，也可以测量正反两个方向的流量。

（2）传感器结构简单，测量管内没有可动部件，没有任何阻碍流体流动的阻力件，不会产生任何附加的压力损失，属于流量测量中节能型传感器。

（3）测量管内无可动部件或突出于管道内部的部件，压力损失小。

（4）可测量具有一定电导率的酸、碱、盐溶液，脏污介质、腐蚀性介质以及含有固体颗粒（泥浆、矿浆等）悬浊性液固两相流的液体流量。

（5）电磁流量传感器输出的感应电动势信号与体积流量成正比，且不受被测流体的温度、压力、黏度、密度以及电导率（在一定范围）的影响，不需进行参数补偿。电磁流量传感器只需经水标定后，就可以用来测量其他导电性流体的流量。

（6）电磁流量传感器的量程范围极宽，其测量范围度可达 100：1，有的甚至达 1 000：1 的可运行流量范围。

但是电磁流量传感器应测量必须是导电的流体，不能测量气体、蒸汽和石油制品等含有大量气体和电导率很低的液体流量；由于测量管内衬里材料和电气绝缘材料的限制，电磁流量传感器不能用于测量高温介质的流量。此外，电磁流量传感器易受外界电磁干扰的影响。

二、超声波流量传感器的结构和特点

1. 结　构

超声波流量传感器的结构主要由安装在测量管道上的超声换能器（或由换能器和测量管组成的超声流量传感器）和转换器组成。转换器在结构上分为固定盘装式和便携式两大类。换能器和转换器之间由专用信号传输电缆连接，固定测量的场合需在适当的地方装接线盒。夹装式换能器通常还需配用安装夹具和耦合剂。

2. 特　点

（1）超声波换能器可以安装在管道外壁上，不会对管内流体的流动带来影响，实现不接触测量；可以解决其他流量传感器难以测量的强腐蚀性、非导电性、放射性流体的流量测量。

（2）夹装式换能器的超声波流量传感器可无需停流截管安装，只要在管道外部安装换能器即可。

（3）超声波流量测量为无流动阻挠测量，无额外压力损失。

（4）量程范围宽，其范围度一般可达 20∶1。

（5）根据管道直径设置足够长的直管段。

（6）流量传感器的仪表系数是可从实际测量管道及声道等几何尺寸计算求得的，即可采用干法标定，除带测量管段式外一般不需作实流校验。在无法实现实流校验的情况下可优先选择超声波流量传感器。

（7）流速沿管道的分布情况会影响测量结果，超声波流量计测得的流速与实际平均流速之间存在一定差异，而且与雷诺数有关，需要进行修正。

但是流体的声速是温度的函数，流体的温度变化会引起传感器测量误差，且超声波流量传感器只能用于清洁液体和气体，不能测量悬浮颗粒和气泡超过某一范围的液体。外夹装换能器的超声波流量传感器不能用于场合：衬里或结垢太厚的管道，会带来较大的流量误差；衬里（或锈层）与内管壁剥离的管道，因为有气体会严重衰减超声信号；锈蚀严重的管道，因为锈蚀会改变超声传播路径。

第八节　多普勒流量测量

多普勒流量测量所依据的原理是物理学中的多普勒效应。多普勒效应描述：波源与观察者相对于介质都是静止的，观察者接收到的波的频率与波源的频率相同。如果波源或观察者或两者同时相对于介质运动时，观察者接收到的波的频率和波源的频率就不相同了。

一、超声波多普勒流量测量原理

多普勒流量测量是利用声学多普勒效应进行流量测量的，波源为超声波发射换能器，观察者为超声波接收换能器。

将多普勒效应直接应用于流速测量，无异于要求发射器和接收器两者之一必须随同被测流体一起运动，但这是不现实的。为了利用多普勒效应测量流速，必须使发射器和接收器都固定，而充分利用流体中的随流体一起运动的颗粒。

当超声波发射换能器向被测流体发射固定频率的超声波，由于流体中的悬浮粒子或气泡（称为散射体）对声波的散射作用，接收换能器接收到的是散射体所产生的散射波，其频率与被测流体的流速有关，通过测量发射波和接收波的频率差，可以计算出被测流体的流速和流量。多普勒流量传感器为反射式流量传感器，只有当超声波能被流体中的颗粒或气泡反射回来时，才能进行测量。

超声波发射换能器向流体发出频率为 f_1 的连续超声波，经流体中散射体的散射，由接收换能器收到频率为 f_2 的超声波，其值为

$$f_2 = \frac{c + v\cos\theta}{c - v\cos\theta} f_1 \tag{4-34}$$

式中，v 为散射体运动速度，即流体速度；c 为流体中的超声波的速度；θ 为发射换能器发射轴和流速方向的夹角；f_1 为发射频率；f_2 为接收频率。

当 $c >> v$ 时，多普勒频移为

$$\Delta f = f_2 - f_1 = \frac{2v\sin\theta}{c} f_1 \tag{4-35}$$

式中，Δf 为多普勒频移。

由此可见，多普勒频移 Δf 正比于散射体流动速度 v。

由 $q_V = \frac{\pi D^2}{4} v$ 可得

$$q_V = \frac{\pi D^2 c}{8 f_1 \cos\theta} \Delta f \tag{4-36}$$

式中，D 为管道直径。

所以，只要测出多普勒频移 Δf，就可测得管道的体积流量 q_V。

二、非满管超声波流量传感器

对于非满管的流体，如果使用电磁流量传感器则必须在管道的截面至少增加两对电极，但测量精度也较差，而利用超声波则可方便地对非满管流体进行流量测量。美国 Dynasonics 非满管式超声波流量传感器由液位传感器和流速传感器组成。它的测量原理为液位传感器向管道中发射出超声波脉冲，并且准确接收反射脉冲，从而根据往返的传

播时间 t 和超声波在水中的传播速度 c 得到液位高度 h，进而计算出流体的横截面。

流速传感器向管道液体中发射超声波脉冲，并且准确接收反射脉冲。利用多普勒原理，脉冲在流体中的频率变化值 Δf 和流速 v 成正比，即 $\Delta f \propto f(v)$，得到流速值。根据体积流量 q_V = 流体横截面 × 流速，从而得到流量 q_V。

非满管式流量传感器的精度高，可达 ±2%满量程；重复性好，为满量程的 ±1%；适用于 200～3000 mm 管径内径的流量测量。

特点：

（1）多普勒超声波流量传感器具有一般超声波流量传感器的优点；

（2）多普勒超声波流量传感器可测量固相含量较多或含有气泡的液体，不能用于不含固体微粒或气泡的流体的流量测量；

（3）实际上多普勒频移信号来自速度参差不一的散射体，而所测得各散射体速度和载体液体平均流速间的关系也有差别，其他参量如散射体粒度大小组合与流动时分布状况、散射体流速非轴向分量、声波被散射体衰减程度等均影响频移信号；

（4）测量准确度易受流体中散射体的浓度、大小、流动状态等因素的影响，需要进行现场调校。

三、微波多普勒流量测量

微波多普勒流量传感器可用于测量封闭输送管道中的流体、粉末或颗粒的流速和流量。它具有响应速度快、不影响流动场、牢固可靠等优点。

微波多普勒流量传感器是利用声学多普勒效应进行流量测量的。当微波天线对准被测管道发射一束频率一定的微波时，管道内运动流体中的微粒、气泡或两相流中的运动微粒都会对微波产生散射，由接收天线接收到的发射微波频率与发射频率不同，其差值称为多普勒频移。

当微波的传播速度远大于物体的运动速度时，微波多普勒频移正比于运动微粒的运动速度。由于微粒运动的随机性，接收天线获得的多个微粒的多个频率的频差信号，经过混频后得到多普勒频移信号。该频移正比于微粒流速，也就是流体的流速。

此外在气粉两相流的测量中，由于散射波的功率信号与粉粒的浓度存在一定关系，所以，采用一定的方法对散射波进行处理，不仅能够测量被测流体的流速，还可以得到关于流体混合物浓度的信息。

四、激光多普勒流量测量

激光多普勒流量测量是利用运动物体散射光线的光学多普勒效应进行流量测量的，波源为光源，观察者为光接收器。当激光照射到跟随流体一起运动的微粒上时，激光被运动着的微粒所散射。和入射光的频率相比较，散射光的频率正比于流体速度的频率偏移，测量这个频率偏移，就可以测得流体速度。

为了利用多普勒效应测量流速，必须使光源和光接收器都固定，而充分利用流体中的随流体一起运动的微粒。由于微粒对入射光的散射作用，当它接收到频率为 f_1 的入射光的照射之后，也会以一定的频率向四周散射。这样随流体一起运动着的微粒既作为入射光的光源，又作为散射光的光源，向固定的光接收器发射出散射。固定的光接收器所接收到的微粒散射光频率，将不同于光源发射出的光频率，两者之间同样会产生多普勒频移。

只要入射激光波长一定，且入射光与微粒到光接收器的散射光方向之间的夹角一定时，那么，多普勒频移与微粒呈简单的线性关系。测量多普勒频移，可求得运动速度，从而乘以管道截面积就可得出流体的瞬时体积流量。

激光多普勒技术具有非接触测量、不干扰测量对象、测量装置可远离被测流体、空间分辨率高、没有电感应噪声等优点，可用于测量某些不适于或不可能用其他方法来测量的流体速度或湍流，在流体力学中已经广泛应用。

激光多普勒测速技术还可采用光纤传输，将大大改善多普勒光学系统的结构，使其变得灵活和小型化，从而使系统工作更可靠，提高测量的分辨能力。

第九节　容积式流量测量

容积式流量测量是一种具有悠久历史的流量测量技术，它是让被测流体充满具有一定容积的空间，然后再把这部分流体从出口排出，根据单位时间内排出的流体体积可直接确定体积流量，根据一定时间内排出的总体总数可确定流体的体积总量。

基于容积式流量测量方法的流量测量传感器一般称为容积式流量传感器。

一、测量原理

为了连续地在密闭管道中测量流体的流量，可用仪表壳体和仪表内的运动部件构成一个具有一定容积的计量空间。当流体流过流量传感器时，在传感器的入、出口之间产生压力差，从而推动运动部件运动（转动或移动），并将流体一次次从进口充满计量空间送到出口。

如果运动部件每循环动作一次，从流量传感器内送出的流体体积为 V_0，当流体流过时，运动部件动作次数为 n，则流体通过流量传感器的体积总量为

$$V = nV_0 \tag{4-37}$$

式中，V 为流体的累积体积流量；n 为运动部件的动作次数；V_0 为计量空间的容积。

可见，根据计量空间的容积和运动部件的动作次数就可获得通过流量传感器的流体总量。

应注意的是，基于容积式测量原理的容积式流量传感器的测量时间间隔是任意选取的，因此，一般不用它来测量瞬时流量，而常用来计量累积流量。

二、容积式流量传感器的结构

由于传感器内部测量元件的结构不同，就形成了传感器内不同的计量空间，从而也产生了各种不同的容积式流量传感器，如椭圆齿轮流量传感器、腰轮（罗茨）流量传感器、刮板流量传感器、活塞流量传感器、湿式流量传感器及皮囊式流量传感器。其中腰轮（罗茨）、湿式及皮囊式流量传感器可以测量气体流量。下面主要介绍椭圆齿轮、刮板式的流量测量原理及结构。

1. 椭圆齿轮流量传感器的测量原理及结构

椭圆齿轮流量传感器的结构如图 4-13 所示，其结构特征为在传感器的壳体内有一个计量室，计量室内有一对可以旋转的截面为椭圆的齿轮柱体，它们可以相互啮合并进行联动。

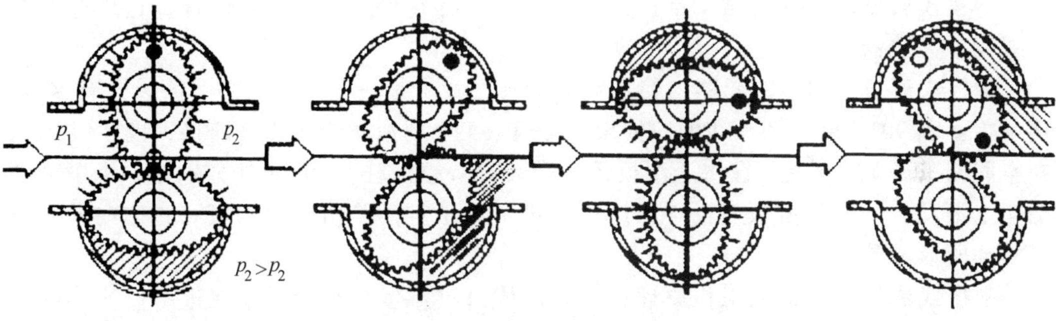

图 4-13　椭圆齿轮流量传感器

椭圆齿轮流量传感器的工作原理：当被测流体由左向右流动，传感器流体进出口差压仅作用于上面的椭圆齿轮，在差压作用下，产生一个顺时转矩，使齿轮顺时针旋转，并把齿轮与外壳之间的初月形容积内的介质排出，同时带动下面的齿轮作逆时针旋转。由于两个齿轮同时受到进出口差压作用，产生转矩，使它们继续沿原来方向转动。只有下面的齿轮在流体进出口差压作用下产生一个逆时针转矩，使下面的齿轮旋转并带动上面齿轮一起转动，同时又把下面齿轮与外壳之间空腔内的介质排出。这样椭圆齿轮交替或同时受差压作用，保持椭圆齿轮不断地旋转，被测介质以初月形空腔为单位一次又一次地经过椭圆齿轮排至出口。

很显然，椭圆齿轮每转动一周，排出 4 个初月形空腔的容积，所以流体总量为 4 倍的初月形空腔的容积和椭圆齿轮转动次数的乘积。

椭圆齿轮流量传感器用于测量清洁流体，主要适用于油品的流量计量，有的也可用于气体测量。计量准确度高，一般可达 0.2 ~ 1 级。

2. 腰轮的测量原理及结构

腰轮流量传感器的测量原理与椭圆齿轮流量传感器相同，区别仅在于它的运动部件是一对或两对腰轮，并且在腰轮上没有齿，它们的相互啮合是靠安装在壳体外与腰轮同轴的驱动齿轮进行联动的。如图 4-14 所示。

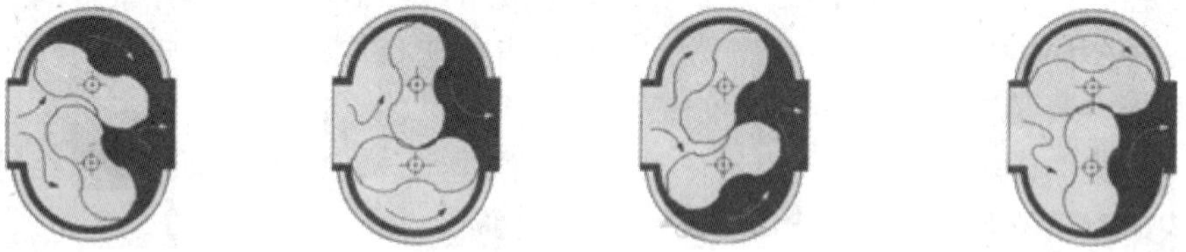

位置 1：气体进入仪表上游腔体　位置 2：气体推动腰轮转动　位置 3：气体经过计量腔排出计量腔　位置 4：每对转子旋转一周排出等体积气体 4 次

图 4-14　腰轮流量传感器

3. 刮板式流量测量原理及结构

刮板式流量传感器的运动部件是一对刮板，有凸轮式和凹轮式两种，这里介绍凸轮式流量传感器。

刮板式流量传感器的壳体内腔是圆形空筒，转子是一个空心圆筒，筒边开有 4 个槽，相互成 90°，可让刮板在槽内伸出或缩进。4 个刮板由两根连杆连接，也互成 90°，在空间交叉，互不干扰。在每个刮板的一端装有一小滚柱，4 个滚柱分别在一个不动的凸轮上滚动，从而使刮板时而伸出时而缩进。计量空间是由两块刮板和壳体内壁、圆筒外壁所形成的空间。

刮板式流量传感器的工作原理：当有流体流过流量传感器时，在进出口流体的差压作用下，推动刮板与转子旋转。刮板 A 和 D 由凸轮控制全部伸出圆筒，与测量室内壁接触，形成密封的计量室，将进口的连续流体分隔成一个单元体积（计量室容积）。此时，刮板 C 和 D 则全部收缩到转子圆筒内。在流体差压的作用下，刮板和转子继续旋转。刮板 A 仍为全部伸出状态，而刮板 D 则在凸轮控制下开始收缩，将计量室中的流体排向出口。在刮板 D 开始收缩的同时，刮板 B 开始伸出。刮板 D 全部收缩到转子圆筒内，而刮板 B 由凸轮控制全部伸出转子圆筒与测量室内壁接触，这样由刮板 B 和刮板 A 之间形成密封空间，将进口的连续流体又分隔出一个计量室容积。在流体差压的作用下，刮板和转子继续旋转。随着刮板 A 开始收缩，计量室内的流体又开始排向出口。同样的原理，接着是刮板 C、B 和刮板 D、C 形成密封空间，然后回复到由刮板 A、D 形成密封空间。

这样，转子在入口和出口差压作用下，连刮板一起旋转，4 个刮板轮流伸出、缩进，把计量室内的流体逐一排至出口。转子每转动一周，共有 4 个计量室体积的流体通过流量传感器。只要记录转子的转动次数，同样可以得到通过流量传感器的流体总量。

刮板式流量传感器计量的准确度较高，一般可达 0.2 级；运行时振动和噪声小；它适用于液体流量的测量，也能计量含少量杂质的流体的流量。

4. 特　点

（1）在所有的流量传感器中，容积式流量传感器测量准确度高，测量液体的基本误差一般可达 ± 0.1%R 到 ± 0.5%R，甚至更高；

（2）测量范围度较宽，典型的流量范围度为 5 ∶ 1 ~ 10 ∶ 1，特殊的可达 30 ∶ 1；

（3）容积式流量传感器的特性一般不受流动状态的影响，也不受雷诺数大小的限制，但易受物性参数的影响；

（4）安装方便，流量传感器前不需要直管段，这是其他类型的流量传感器不能达到的；

（5）可测量高黏度、洁净单相流体的流量测量，测量含有颗粒、脏污物的流体时需安装过滤器，防止仪表被卡住，甚至损换仪表；

（6）机械结构较复杂，体积庞大笨重，一般只适用于中小口径；

（7）部分形式的传感器（如椭圆齿轮式、腰轮式、卵轮式、旋转活塞式、往复活塞式等）在测量过程中会产生较大噪声，甚至使管道产生振动。

三、影响容积式流量传感器特性的因素

容积式流量传感器的工作特性与流体的黏度、密度以及工作温度、压力等因素有关，相对来说，黏度的影响要大一些。

1. 流体黏度的影响

当流体黏度增加时，流量传感器内流动阻力增加，这必将导致传感器进出口间压力损失的增加，对于一定的漏流间隙（容积式流量传感器测量元件与壳体之间的间隙），漏流量（未经计量室计量而通过漏流间隙直接从入口流向出口的流体量）将增加。对于相同的漏流间隙，黏度越高的流体应该越不容易漏流。所以，当流体黏度增加时，漏流量应减小。

2. 流体密度的影响

被测介质为气体时，当温度、压力变化时会使气体密度发生变化，流量传感器前后压力损失也随之变化。

3. 由测量元件动作的机械阻力引起的压力损失

容积式流量传感器内部的测量元件的动作是在流体压力作用下进行的，流体要使流量传感器动作运行，必然消耗一部分能量，这部分能量消耗最终以流量传感器前后的不可恢复压力损失的形式表现出来。显然，流量越大，压力损失就越大。此外由于流体黏性造成的流动阻力也会产生压力损失，流体黏度越大，压力损失也越大。

第十节　质量流量测量

前面介绍的各种差压式、容积式以及速度式流量测量方法或者可以直接测量出体积流量，或者测量出流体的流速乘以管道（或流体）截面积得到体积流量。但是在工业生产中，物料平衡、经济核算等需要的是质量流量。要想得到质量流量，应该是体积流量乘以流体密度。一方面体积流量值受流体介质密度、温度和压力的影响，需要做相应的校正，因此不能直接得到质量流量；另一方面被测流体的密度很难测量，且随流体的温度和压力而变化，因此给质量流量的换算带来麻烦。

质量流量的测量方法是通过一定的测量装置，使它的输出直接反映出质量流量，无需体积流量与密度的乘积进行换算。

目前，质量流量的测量方法主要有 3 大类。

① 直接法：测量元件的输出信号可直接反映被测流体的质量流量值，原则上与被测的流体的温度、压力等状态参数和黏度、密度等物性参数无关。

② 间接法：同时测量出被测流体的体积流量和流体密度，或同时用两个测量元件分别测出两个与体积流量和密度有关的信号，通过运算得到反映质量流量的信号。

③ 补偿法：同时测量出被测流体的体积流量和流体的温度、压力，应用有关公式求出流体的密度或将被测流体的体积流量自动换算成标准状态下的体积流量，最后运算得到被测流体的质量流量值。

一、直接式质量流量检测

直接式质量流量测量方法主要有利用孔板和定量泵组合实现的差压式测量方法、利用同轴双涡轮组合的角动量式测量方法、应用麦纳斯效应的测量方法、基于科里奥利力效应的测量方法以及热式质量流量测量方法等。其中，基于科里奥利的质量流量测量传感器和热式质量流量传感器在质量流量测量方面具有高精度、高重复性和高稳定性的特点，在工业上得到了广泛的应用。

二、科里奥利质量流量测量

科里奥利质量流量测量是利用流体在振动管中流动时能产生与质量流量成正比的科里奥利力原理进行质量流量的直接测量。

1. 工作原理

当质量为 m 的质点以速度 v 在对 P 轴做角速度 ω 旋转的管道内轴向移动时，质点将受到两个分量的加速度及其力。

（1）法向加速度，即向心力加速度 a_r，其量值等于 $\omega^2 r$，方向朝向 P 轴；

（2）切向加速度 a_t，即科里奥力加速度，其量值等于 $2\omega v$，方向与 a_r 垂直。

由于复合运动，在质点的 a_t 方向上作用着来自管道壁面的科里奥利力：

$$F_c = 2m\omega v \tag{4-38}$$

流体施加在管道上，与 a_t 方向相反的科里奥利力为

$$-F_c = -2m\omega v \tag{4-39}$$

当密度为 ρ 的流体在旋转管道中以恒定速度 v 流动时，任何一段长度 Δx 的管道都将受到一个大小为 ΔF_c 的切向科里奥利力：

$$\Delta F_c = 2\omega\rho vA\Delta x \tag{4-40}$$

式中，A 为管道的流通内截面积。

由于质量流量传感器的质量为 $q_m = \rho vA$ 流量，所以

$$\Delta F_c = 2\omega q_m\Delta x \tag{4-41}$$

式中，ΔF_c 为流体作用于管道上的科里奥利力；q_m 为流体通过管道的质量流量；ω 为管道的旋转角速度；Δx 为管道长度。

因此，只要能直接或间接测量出在旋转管道中流动的流体作用于管道上的科里奥利力就可以测得流体通过管道的质量流量，这就是科里奥利质量流量传感器的基本原理。

然而通过旋转运动产生科里奥利力是困难的，目前产品均代之以管道振动产生，即在流体管道中固定薄壁测量管，在中点由驱动器驱动测量管以等于或接近于谐振的频率绕主管道振动，当流体流过测量管时，将受到科里奥利力的作用，从而使测量管产生变形。该变形与流体的质量流量成正比。

另外，因为流体密度会影响测量管的振动频率，而密度与频率有固定的关系，所以用科里奥利流量传感器也可测量流体密度。

2. 科里奥利质量流量的结构

利用科里奥利力构成的质量流量传感器有直管、弯管、单管、双管等多种形式。最容易也是目前应用最多的是双弯管型。

它由两根金属 U 形管组成，其端部连通并与被测管路相连。这样流体可以同时在两个 U 形管内流动。在两管的中间装有驱动器，进口侧和出口侧装有检测传感器。

当管道中流体不流动时，驱动器使测量管振动，管中流体并不产生科里奥利力，两传感器检测的相位是相同的。当有流体通过测量管，U 形测量管在上下振动过程中，将受到科里奥利力的作用。由于 U 形测量管两臂中流体的流动方向相反，受到科里奥利力方向也相反，形成了一对力矩作用于 U 形管上，使 U 形管产生扭曲变形。流体的质量流量与测量管扭转角成正比。

检测传感器 1 和 2 用来测量两根管的振动情况。由于 1 处于进口侧，2 处于出口侧，根据出口侧振动相位超前于进口侧振动相位的规律，此相位差的大小与质量流量成正

比。只要测量出两传感器的相位差，就可以测得质量流量，而与流体的参数和测试条件无关。

3. 特　点

（1）科里奥利质量流量传感器测量精确度较高。

（2）可以测量黏度和密度相对较大的单相流体和混相流体的质量流量，不能用于测量低密度流体和低压气体。

（3）不受管内流动状态的影响，对上下游直管段要求不高。

（4）测量范围大，其范围度可达 10∶1～50∶1。

（5）可进行多参数测量，在测量质量流量的同时，可同期测量介质密度、体积流量、温度等参数。

（6）压力损失较大，与容积式传感器相当，有些甚至更大。

但是由于结构等原因，科里奥利质量流量传感器只适用于中小尺寸的管道的流量测量，不能用于较大管径；它对外界振动干扰较为敏感，为防止管道振动的影响，安装固定要求较高；零点不稳定形成的零点漂移影响精确度的进一步提高。

三、 热式质量流量测量

热式质量流量测量是利用流体流过外热源加热的管道时产生的温度场变化来进行流体的质量流量测量，或利用加热流体时流体温度上升某一值所需的能量与流体质量之间的关系来测量流体的质量流量。一般情况下，热式质量流量测量主要用于气体测量。

按结构原理来分有浸入式、热分布式和边界层式 3 种。热分布式是基于测量流体温度分布来测量流量，边界层式是利用流体边界层的传热来测量流量，并不需要对全部介质加热，它们都属于非接触气体的流量。浸入式因结构上测量元件伸入测量管内而得名，它是利用热消散（冷却）效应的金氏定律进行质量流量测量，又称冷却效应式质量流量传感器。有些在使用时从管外插入工艺管内的传感器称作插入式传感器。

（1）浸入式质量流量传感器的测量原理。

浸入式质量流量传感器的测量的传感元件包括两个热电阻（铂 RTD），分别置于流体中两金属细管内。其中一个是速度传感器，另一个是自动补偿气体温度变化的温度传感器。当它们被置于被测流体中时，温度传感器用于感应流体温度 T，速度传感器经功率恒定的电热器加热，其温度 T_v 高于流体温度 T。流体静止时 T_v 最高，随着质量流速 ρv 增加，气流带走更多热量，温度下降，测得温度差 $\Delta T = T_v - T$。该温度差与质量流速、电热器的功率之间的关系为

$$P = [B + C(\rho v)^K]\Delta T \tag{4-42}$$

式中，B、C、K 为由经验确定的常数；ΔT 为速度传感器与温度传感器的温度差，$\Delta T = T_v - T$；ρv 为被测流体的质量流速；P 为电热器的功率。

由式（4-42）可算出质量流速，乘上点流速与管道平均流速之间的系数和流通截面积便得到质量流量：

$$\frac{P}{\Delta T} = D + Eq_m^k \tag{4-43}$$

式中，E 为与所测流体体物性参数，如热导率、比热容、黏度等有关的系数，如果流体成分和物性恒定则视为常数；D 为与实际流动有关的常数。

若保持 ΔT 恒定，控制加热功率随着质量流量的增加而增加，测量加热功率便可测出质量流量。若保持加热功率稳定，测量温度差也可测出质量流量。

（2）特点。

① 精确度较高、重复性较好，流量范围大；

② 压力损失比较小；

③ 可测量低、中、偏高流速的气体流量，不能用于很低的流速；

④ 使用性能相对可靠，与间接式质量流量测量相比，不需温度传感器、压力传感器和计算单元等，仅有流量传感器，组成简单，出现故障概率小。

但是被测质量流量易受流体物性参数的影响，目前不能用参照气体进行标定，而必须以实际气体来标定。

四、冲量式流量测量

冲量式流量测量是一种用于连续测量自由落下的粉粒状物料的新型的固体流量测量技术，已经在电力部门得到了应用。

1. 工作原理

冲量式流量根据动量原理进行测量，当被测介质在自由落下时会对测量板产生冲击力，冲击力的大小与被测介质的瞬时重力流量成正比。

当固体物料从一定高度的给料机自由落下，首先落在传感器倾斜的测量板上，其中一部分物料改变运动方向，从测量板落下；另一部分物料则会滞留在测量板上。在这一过程中，物料对测量板产生了以下两种作用力：

（1）物料改变运动方向时对测量板造成的反作用冲力，这个冲力可分解成沿垂直方向的分力和沿测量板平行方向上的分力；

（2）滞留在测量板上的那部分物料对测量板的重力和摩擦力作用。

理论分析证明这些作用力都和物料的质量流量成正比，根据测量板所受的力就可以计算出固体物料的质量流量。但由于某些因素的影响，目前主要是通过测量固体物料对测量板水平方向的分力来测量其流量。

根据冲量定理的计算推导结果表明，固体物料对测量板水平方向的分力来可表示为

$$F = aq_m \tag{4-44}$$

式中，F 为固体物料对测量板水平方向的分力；a 为流量系数，取决于测量板结构、安装尺寸和固体物料特性；q_m 为固体物料的质量流量。

当流量系数一定时，测量板所受水平作用力的大小与固体物料的质量流量成正比，测量该水平分力，就可以计算出固体物料的质量流量。

2. 特 点

（1）相当于漏斗秤、皮带秤等传统的固体物料流量测量装置，冲量式流量传感器可以很方便地实现在线连续测量，而且精度可达 ±2.0%；

（2）适用于常温到 1 500°C、测量范围为 5 kg/h ~ 10 000 t/h 的被测介质的流量测量；

（3）安装维护也比较方便。

但是冲量式流量传感器的流量系数与被测介质的物性有关，测量不同介质需重新校验，否则影响测量精度。

课后习题

（1）简述节流变压式流量测量原理。

（2）简述标准节流装置组成。

（3）简述均速管流量测量原理。

（4）简述浮子流量测量原理。

（5）简述浮子流量测量仪表的分类及特点。

（6）简述涡轮流量测量原理。

（7）简述涡街流量测量原理。

（8）简述电磁流量测量原理。

（9）简述电磁流量计主要结构及作用。

（10）简述超声波多普勒流量测量原理。

（11）简述激光多普勒流量测量原理。

（12）简述容积式流量测量原理。

（13）简述质量流量测量的方法。

（14）简述科里奥利质量流量测量原理。

（15）简述热式质量流量测量原理。

（16）简述冲量式质量流量测量原理。

5

第五章

物位检测

学习目标

【知识目标】

（1）掌握物位检测的定义及检测仪表的分类；

（2）熟悉各类物位检测的工作原理及特点；

（3）掌握各类物位检测仪器的结构。

【技能目标】

（1）了解各类物位检测的安装方式；

（2）初步认识压差式物位检测的校准方法；

（3）在检测不同物料时选择合适的物位检测仪器。

【素养目标】

（1）培养学生自己总结知识，主动探索学习的能力；

（2）通过对物位检测的系统学习，激发学生对仪表检测这一门学科的兴趣。

物位测量在现代工业生产过程中具有重要地位。通过物位测量可以确定容器中被测介质的储存量，以保证生产过程物料平衡，也为经济核算提供可靠依据。通过物位测量并加以控制可以使物位维持在规定的范围内，这对于保证安全生产、产品的产量和质量具有重要意义。

在工业生产过程中测量液位、固体颗粒和粉粒位，以及液-液、液-固相界面位置的仪表中，一般测量液体液面位置的称为液位计，测量固体、粉料位置的称为料位计，测量液-液、液固相界面位置的称为相界面计。在工业生产过程中广泛应用物位测量仪表，测量锅炉水位的液位计就是一例。发电厂大容量锅炉水位是十分重要的工艺参数，水位过高、过低都会引起严重安全事故，因此要求准确地测量和控制锅炉水位。水塔的水位、油罐的油液位、煤仓的煤块堆积高度、化工生产的反应塔溶液液位等，都需要采用物位测量仪表测量。

一、概　述

物位测量是利用物位传感器将非电量的物位参数转换成可测量的电信号，通过对电信号的计算和处理，可以确定物位的高低。

物位传感器可分两类：一类是连续测量物位变化的连续式物位传感器；另一类是以点测为目的的开关式物位传感器即物位开关。目前，开关式物位传感器比连续式物位传感器应用得广，主要用于过程自动控制的门限、溢流和空转防止等。连续式物位传感器主要用于连续控制和多点报警系统中。

二、物位测量的主要方法和分类

常见的也是最直观的物位测量方法是直读式，它是在容器上开一些窗口以便进行观测。对于液位测量，可以使用与被测容器相连通的玻璃管（或玻璃板）来显示容器内的液体高度。这种方法很可靠、结果准确，但只能用于容器压力不高、只需现场指示的被测对象。

在工业生产中，被测介质的特性千差万别，物位测量的方法很多以适应各种不同的测量要求，可把它们归纳为以下几个测量原理。

1. 基于力学原理

敏感元件所受到的力（压力）的大小与物位成正比，它包括静压式、浮力式和重锤式物位测量等。其中包括

（1）静压式物位测量。

静压式物位测量是根据流体静力学原理，液体内某一点的压力与其所在位置的深度有关，因此可以用静压力表示液位，如连通器式、压差式和压力式等。

（2）浮力式液位测量。

浮力式液位测量是根据浮在液面上的浮球或浮标随液位的高低而产生上下位移，

或浸于液体中的浮筒随液位变化而引起浮力变化的原理来测量的。前者一般称为恒浮力式测量；后者称为变浮力式测量。

（3）重锤式料位测量。

重锤式料位测量是利用测量重锤从仓顶到料面距离来测量料位。

2. 基于相对变化原理

当物位变化时，物位与容器底部或顶部的距离发生改变，通过测量距离的相对变化可获得物位的信息。这是一种非接触式的物位测量方法，这种测量原理包括声学法、微波法和光学法等。

（1）声学式物位测量。

声学式物位测量利用超声波在一定状态介质中的传播具有一定速度的特性，当声源与物位（分界面）的距离变化时，回声的时间（从发射到接收超声波的时间间隔）也要改变，根据回声的时间的变化就可测量出物位的变化。

（2）微波式物位测量。

微波式物位测量是利用回声测量距离的原理工作的。

（3）激光式物位测量。

激光式物位测量与超声波类似。

3. 基于某强度性物理量随物位的升高而增加的原理

（1）核辐射式物位测量。

核辐射式物位测量是利用核辐射线穿透物体的能力以及物质对放射性射线的吸收特性进行测量的。目前在物位测量中，一般都采用穿透能力强的 γ 射线，其放射源采用 $^{60}C_O$、$^{137}C_S$ 等同位素。

（2）电气式物位测量。

电气式物位测量是利用敏感元件直接把物位变化转换为电量参数的变化，根据电量参数的不同，可分为电阻式、电感式和电容式等。目前电容式为最常见。

在上述介绍的物位测量技术中，静压式、浮力式只用于液位的测量，重锤式只用于粉状料位的测量，其余的既可用于液位，也可用于粉状料位测量。其中，声学式、光学式、微波式及核辐射式属于非接触测量。

第一节　静压式液位测量

根据流体静力学原理，静止液体内某一点的静压力与其所在位置的深度有关，因此可以用静压力表示液位，如连通器式、压差式和压力式等。

一、连通器式液位测量（见图 5-1）

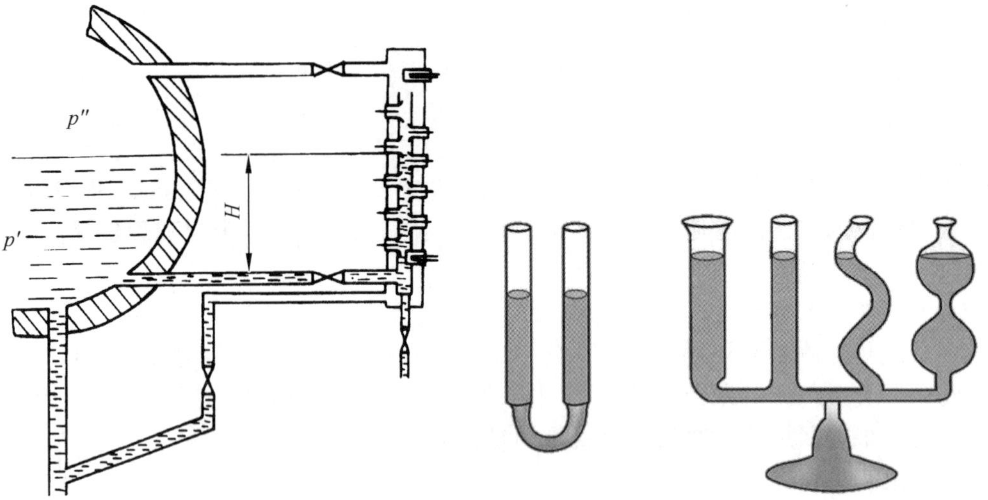

图 5-1　连通器式液位测量原理

连通器式液位测量是最简单的液位测量技术，根据连通器的原理，使用玻璃管直观地显示液位，但主要用于无压或低压力容器的液位测量。为了适应高压、腐蚀、远传等要求和便于读数，其变形结构有玻璃板式、云母片式、双色式、电接点式等。其中玻璃板式可用于中低压锅炉汽包水位的测量，云母式液位测量可用于高压锅炉的汽包水位测量，其具有较强的抗腐蚀性。但是上面两种液位测量的观察比较困难，所以人们又将两者的结构改进，辅以光学系统，观测者看到的汽水分界面是红绿两色的分界面，非常清晰，并且有利于用电视等方式远传，这就是双色水位测量。另外，磁翻转双色液位计是以磁性浮子为感测元件，并通过磁性浮子与显示色柱中的磁性体的磁耦合作用，反映被测液位或界面的测量仪表。下面以电厂中的电接点为例对连通器式液位测量原理进行简单介绍。

二、电接点水位测量

电接点水位测量是利用与受压容器相连通的测量筒上的电接点浸没在水中与裸露在蒸汽中的电导率的差异，通过指示灯来显示液位的。

电接点水位传感器如图 5-2 所示，它是一个带有若干个电接点的连通容器（测量筒壳）。连通容器的长度按水位测量范围决定，其直径主要考虑接点数目（保证开孔后有足够的强度）；电接点通过绝缘子与连通容器金属壁绝缘，其数目应以满足运行中监视水位的要求确定，目前多为 15 个、17 个和 19 个。接点之间在高度上的间距不是均匀的，在正常水位附近要密一些。电接点要能在高温高压下正常工作，温度剧变时不泄露，耐腐蚀，与筒壳有很好的绝缘。超纯氧化铝（用于高压炉）和聚四氟乙烯（用于中压炉）常用作绝缘材料。

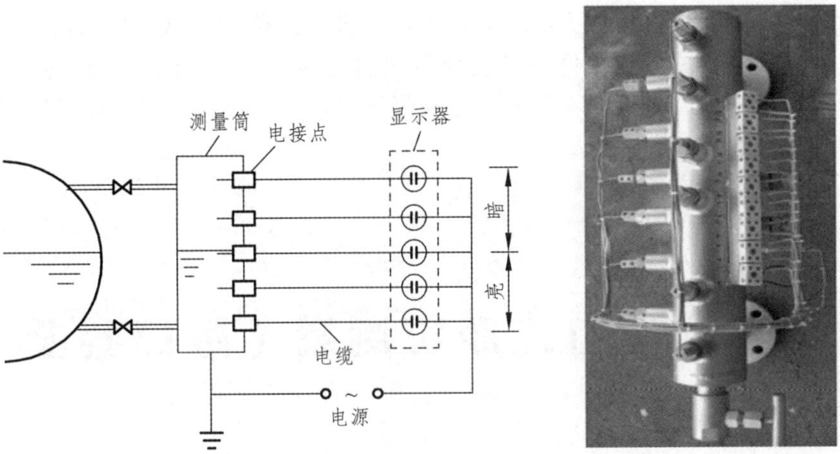

图 5-2　电接点水位传感器

电接点水位测量的原理：连通容器通过汽水连通管将容器内的重力水位信号引出，未被水淹没的电接点因蒸汽电导率小而使所在电路处于高电阻（相当于开关断开），与它们相连的显示器不亮；被水淹没的电接点因水具有较大电导率而使所在电路处于低电阻（相当于开关闭合），与它们相连的显示器发亮，因此被水接通的电接点位置可表示水位。显示电接点已被接通（即水位位置）的方法很多，最简单的如灯泡亮，也有用带放大器的发光二极管等。

电接点水位传感器的特点：

（1）传感器输出的是电信号，便于远传，避免使用导压管，可减小测量的迟延。

（2）传感器没有机械传动所产生的变差和刻度误差，简化了仪表的检修和调校。

（3）电接点水位传感器的输出信号变化带有阶跃性，接点之间的水位变化不能反映，有盲区，虽经合理布置接点能有所改善，但始终不是一个连续变化信号，不宜用作自动调节信号。

电接点水位传感器主要用于中温中压、高温高压锅炉汽包水位的监视与控制，也适用于高、低压加热器、除氧器、凝汽器以及水箱等水位的测量。

三、存在的问题

连通器式液位传感器存在以下问题：

（1）当液位测量传感器与被测容器的液体温度有差别时，液位传感器显示的液位不同于容器中的液位，此误差还会随着容器内压力的改变而变化。为了减少和消除该项误差，常采用保温、加热、校正等手段。当用于测量汽包水位时，因散热使水位传感器中水温低于饱和温度，因而水密度大于饱和水的密度，这就造成了显示的水位低于汽包内的实际水位。如果要校正必须知道水位传感器中水的平均密度，但该密度与当时的压力和水温、散热情况有关，所以不易确定。电厂运行中总结的经验为，在额定工况时，对中压炉，实际水位应在水位传感器显示水位的基础上加 25 ~ 35 mm，高压炉则 40 ~ 60 mm。具体值取大些还是取小些，要看水位传感器的保温情况等条件。

（2）所有连通器式液位传感器都会因散热引起误差。减少的办法是适当加粗汽侧和水侧的连通导管，筒壳顶部不保温，增加凝结水量，筒壳其余部分保温以减少散热。当然也可以加蒸汽加热套。

第二节　压力式液位测量（敞口容器）

压力式液位测量是基于液位高度变化时，由液柱产生的静压也随之变化的原理。如图 5-3 所示，A 代表实际液面，B 代表零液位，H 代表液柱高度，根据流体静力学原理可知，A、B 两点的压力差为

$$p = p_B - p_A = H\rho g \tag{5-1}$$

式中，p_A 为容器中 A 点的静压，也即液面上方气体的压力；当被测对象为敞口容器，则 p_A 为大气压力；p_B 为容器中 B 点的静压，即 B 点的绝对压力；p 为容器中 A 点和 B 点的压力差，即 B 点的表压力。

由式可知，当被测液体密度ρ为已知时，A、B 两点的压力差 p，即 B 点的表压力与液位高度 H 成正比，这样就把液位的测量转化为压力的测量。

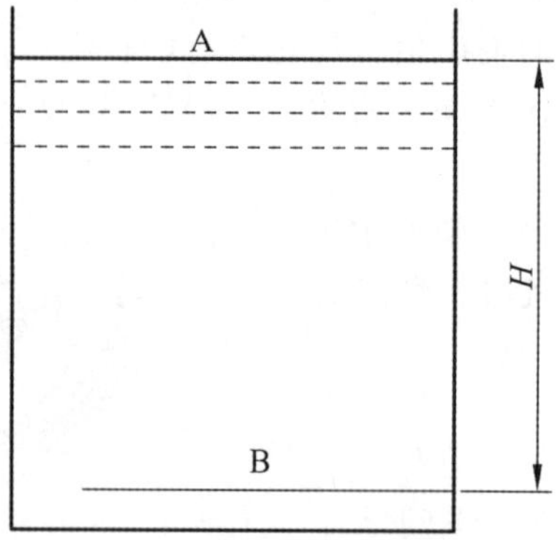

图 5-3　压力式液位测量原理

由于被测对象为敞口容器，可以直接用压力仪表对液位进行测量。方法是将压力表通过引压导管与容器底侧零液位相连，压力指示值与液位高度满足上述关系式。

应注意的是，压力仪表实际指示的压力是液面至压力仪表入口之间的静压力，当压力仪表与取压点（零液位）不在同一水平位置时，应对其位置高度差而引起的固定压力进行修正，否则仪表指示值不能直接计算得到液位。

以上所介绍的是就地式压力液位测量方法。此外，还可以利用静压式液位传感器

把液位信号转换为电信号进行远传。

静压式液位传感器是利用压力传感器，配用陶瓷或薄膜敏感元件作为探头感受容器中B点的表压力，从而实现将容器的液位变化经压力传感器转换成电信号的变化，通过测量电路对电信号进行处理，从而测量出液位。

静压式液位传感器的敏感元件种类很多。如膜片型传感器，它是在感压膜片上粘贴应变片，由应变片组成惠斯登电桥，将液位的变化引起的压力变化以应变片电阻值变化的形式表现出来。测出应变片的电阻值，就能得知液位的高度。也可采用半导体膜盒结构，利用金属片承受液体压力，通过封入的硅油导压给半导体应变片进行液位的测量。

由于固态压力传感器（压阻电桥式）性能的提高和微处理技术的发展，压力式物位传感器的应用越来越广。近年来，已经研制出了体积小、温度范围宽、可靠性好、精度高的压力式物位传感器，同时，其应用范围也不断地拓宽。

压力式液位测量简单，但是要求液体密度为定值，否则会引起误差。

如果被测对象为密闭容器时，容器下部的液体压力除与液位高度有关外，还与液面上部介质压力有关。此时，应该采用下面介绍的差压测量方法来获得液位。

一、测量原理

差压式液位测量的原理同上面介绍的压力式液位测量，只是把 pA 理解为液面上方气体的压力不等于大气压力，如图 5-4 所示。

如图 5-5 所示为双法兰式差压变送器，差压式液位测量最简单的实现方法是在直接通过引压导管与液位上方和容器底侧零液位相连，并把两根引压管道直接通入差压式仪表。差压仪表的指示值与液位高度呈线性关系。

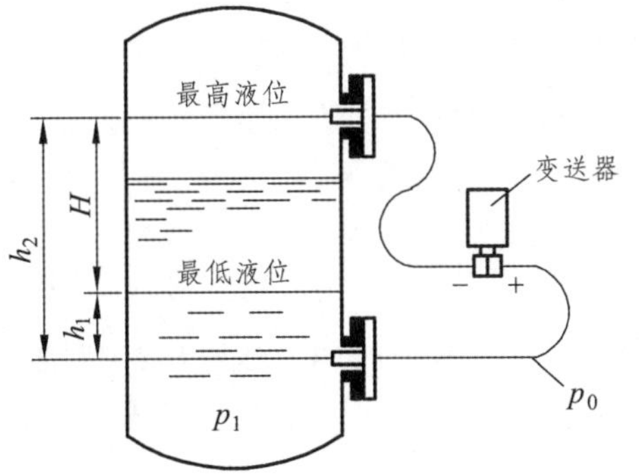

图 5-4　差压式液位测量

图 5-5　双法兰式差压变送器

差压式液位测量在电厂应用广泛，一般要测量汽包水位、凝汽器热水井水位、各种水箱水位、储油罐和油箱油位等。但由于被测对象的复杂性，常用的是平衡容器，下面将对平衡容器作详细介绍。

利用平衡容器的差压式液位传感器的原理是，在容器上安装平衡容器，利用液体静力学原理使液位转换成差压，用导压管将差压信号传至显示仪表，显示仪表指示出容器的液位。受压容器的液位测量，根据测量准确度的要求不同，可选用下列几种平衡容器。

（1）单室平衡容器。

单室平衡容器测量水位的原理如图 5-6 所示。受压容器内的蒸汽注入平衡容器内凝结成水，并由于溢流而保持一个恒定水位。差压传感器的正压头从平衡容器引出，由于平衡容器有恒定水柱而维持不变，负压管与受压容器水侧连通，输出的负压头则随受压容器水位变化而变化。差压传感器的输出也就随着受压容器水位的变化而变化。

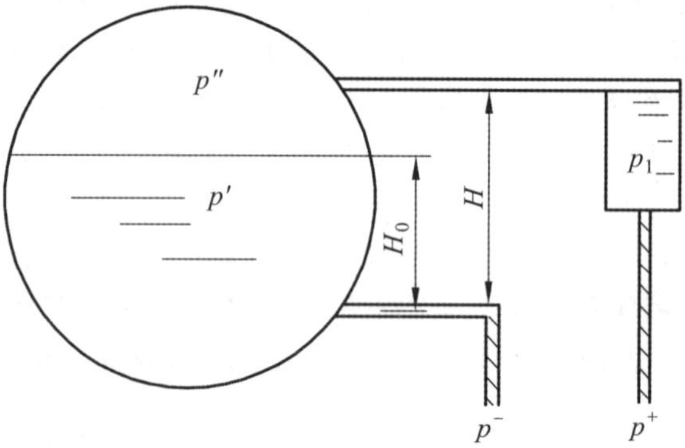

图 5-6　单室平衡容器原理

按照流体静力学原理，当水位在正常水位 H_0（即零水位）时，差压传感器的输出为

$$\Delta p_0 = \rho_1 gH - [\rho' gH_0 + \rho'' g(H - H_0)] = (\rho_1 - \rho'')gH - (\rho' - \rho'')gH_0 \quad (5\text{-}2)$$

式中，Δp_0 为受压容器正常水位时对应的差压，Pa；H 为受压容器水位最大测量范围，m；H_0 为以最低水位为基准的容器零水位，m；ρ'，ρ''，ρ_1 分别为受压容器内饱和水、饱和蒸汽和平衡容器内水的密度，kg/m^3；g 为重力加速度，m/s^2。

当受压容器水位偏离正常水位 ΔH 时，差压传感器的差压输出 Δp 为

$$\Delta p = (\rho_1 - \rho'')gH - (\rho' - \rho'')g(H_0 + \Delta H)$$

即

$$\Delta p = \Delta p_0 - (\rho' - \rho'')g\Delta H \quad (5\text{-}3)$$

H、H_0、g 为确定值，当 ρ'、ρ''、ρ_1 为已知值时，正常水位时的差压输出 Δp 为常数。传感器的输出差压值 Δp 为容器水位变化的单值函数。水位增加，输出差压减小；水位降低，输出差压加大。

单室平衡容器的特点是结构简单，一般应用于低温低压的储水容器。但它的测量误差较大，分析其原因，主要是

① 当被测介质参数，如被测介质压力偏离额定值运行时，ρ' 和 ρ'' 发生变化。此时，即使水位不变，其差压也会发生变化。

② 由于受压容器内的饱和水与平衡容器内的凝结水的温度不同，密度 ρ' 和 ρ_1 也不同，造成传感器输出误差。

为了减小此误差，通常使平衡容器的安装标高（正、负取压管的垂直距离）与传感器输出的全量程相一致，并在差压传感器校验时，按运行参数和环境平均温度考虑密度影响的修正值。

（2）双室平衡容器。

双室平衡容器的结构如图 5-7 所示。平衡容器的水面高度是定值。当水位增高时，水可溢流；水位降低时，由蒸汽冷凝来补充。正压头从平衡容器中引出，当其中水的密度一定时，正压头也为定值。负压管置于平衡容器内，上部比水平正取压管下缘高 10 mm 左右，下部与受压容器连通，其水柱随着容器水位变化而变化。它输出的压头为负压头，反映容器水位的变化。

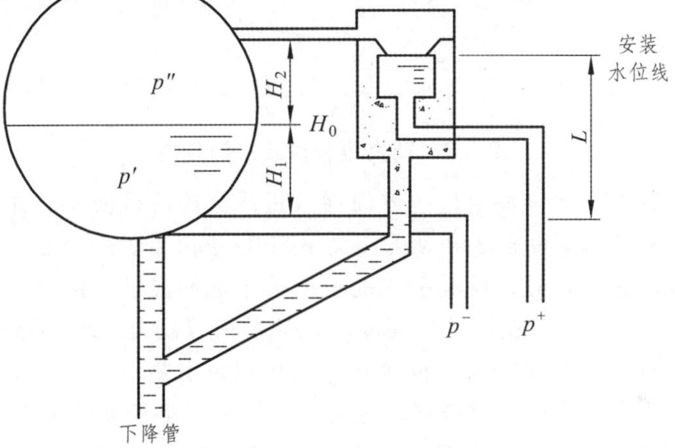

图 5-7　双室平衡容器原理

双室平衡容器中正负两根管内水的温度比较接近，可以近似认为正、负压管中水的密度相同，皆为 ρ_1，因此有

$$\Delta p = \Delta p_0 - (\rho' - \rho'')g\Delta H \tag{5-4}$$

双室平衡容器可以解决单室平衡容器正、负压头水的密度不相等带来的测量误差。但是它仍然存在下面的问题：

① 平衡容器的温度远远低于被测受压容器的温度，负压管的水面比受压容器的水面低，所以仍然存在较大的测量误差。当运行参数或平衡容器环境温度变化时，此误差是个变数。

② 双室平衡容器在使用过程中，由于向外散热，正、负压管中的水温由上至下逐步降低，且温度不易确定。因此同样造成正、负压头水的密度难以确定，造成测量误差。

③ 仍然存在受压容器内被测介质参数变化时，对测量的影响。

（3）蒸汽罩补偿式平衡容器。

针对上述平衡容器的缺点，测量中、小型锅炉汽包水位时，广泛采用蒸汽罩补偿式平衡容器补偿汽包压力对输出差压的影响，其结构如图 5-8 所示。

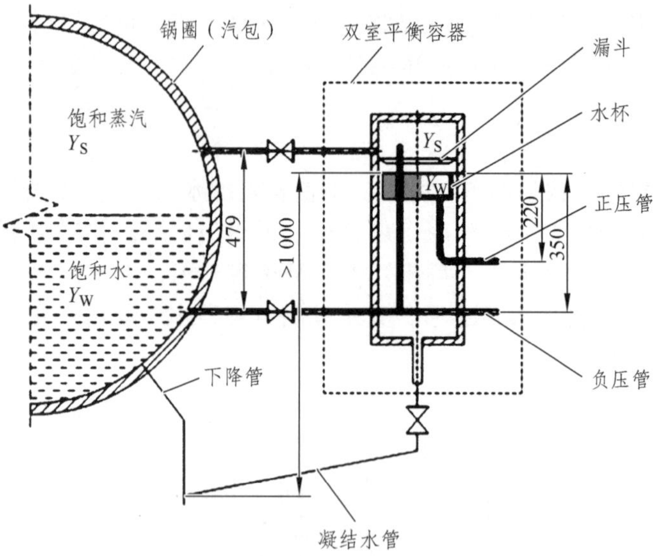

图 5-8　蒸汽罩补偿式平衡容器

为了使正压管中的水位恒定，一方面加大正压容器的截面积，并在其上面装一个凝结水漏盘，使凝结水不断流入正压容器。正压容器相当于一个溢出杯，其水位恒定不变。用蒸汽包围正压容器，使其中水的温度等于饱和温度。蒸汽凝结水由疏水管流入下降管。疏水管和下降管相接处的高度应保证平衡容器内无水，而下降管又不抽空，即在疏水管内保持一定高度的水。负压管直接从汽包水侧引出。为了保证压力引出管的垂直部分中水的密度等于环境密度，压力引出管的水平长度段距离要足够大。

在正常水位 H_0 时，平衡容器的输出差压 Δp_0 为

$$\Delta p_0 = (L-l)\rho_1 g - (L-H_0)\rho'' g + (l-H_0)\rho' g \tag{5-5}$$

在设计平衡容器时，通过确定适当的 L 和 l 值，使汽包压力从很小的值变到额定工作压力时正常水位变化（ΔH）下平衡容器输出的差压不变，从而消除差压传感器的零位漂移。

根据零水位差压输出从很小的汽包压力变到额定工作压力时得到完全补偿，可以推导出 l 的大小为

$$l = (L-H_0)\frac{\rho_1'' - \rho_2''}{\rho_1' - \rho_2''} \tag{5-6}$$

考虑平衡容器输出差压最大值应和差压传感器测量上限值一致，即在水位最低（$\Delta H = -H_0$）和汽包额定工作压力时，平衡容器输出的最大差压等于差压传感器的测量上限 $\Delta p_{\max}$，可推导出 L 为

$$L = \frac{\Delta p_{\max} + l(\rho_1 - \rho')g}{(\rho_1 - \rho'')g} \tag{5-7}$$

联立求解，即可得 L 和 l。

应该指出，这种结构只能使正常水位下的差压 Δp_0 受汽包压力变化的影响大大减小。当水位偏离正常水位（$\Delta H \neq 0$），输出差压 Δp 还会受汽包压力的影响。

二、差压水位测量的压力校正

如上所述，几种平衡容器测量水位时由于正负压管中水温不同，以及汽包压力变化影响正负压管中水的密度、汽包的饱和水和饱和汽密度产生附加误差，特别是测量高参数锅炉的汽包水位时因汽包压力对输出差压的影响，已不能满足工程要求。所以，目前已广泛采用电气压力校正方法，其校正公式与平衡容器的结构直接相关，下面以汽包水位测量为例介绍几种压力校正方法。

（1）单室平衡容器的压力校正。

将单室平衡容器的汽包水位表达式列出来：

$$H_0+\Delta H=\frac{(\rho_1-\rho'')gH-\Delta p}{(\rho'-\rho'')g} \tag{5-8}$$

根据上式组成的压力校正系统 $f_1(p)$ 和 $f_2(p)$ 为函数发生器，它们接受汽包压力信号，其输出量为 $(\rho_1-\rho'')gH$ 和 $(\rho'-\rho'')g$，两者能自动地跟随汽包压力变化而变化，达到校正的目的。然后将差压信号（ $-\Delta p$ ）与反映密度变化的信号 $(\rho_1-\rho'')gH$ 代数相加，再除以密度变化信号 $(\rho'-\rho'')g$，则测量系统的输出为汽包水位，即 $H_0+\Delta H$。

由于采用单室平衡容器，ρ_1 会随环境温度而变化，为变值，因此，测量仍存在一定的误差。

（2）双室平衡容器的压力校正。

蒸汽罩双室平衡容器水位的表达式为

$$H_0+\Delta H=H-\frac{\Delta p}{(\rho_1-\rho'')g} \tag{5-9}$$

函数转换器 $f(p)$ 接受汽包压力信号，输出为 $\frac{1}{(\rho_1-\rho'')g}$，经乘法器与差压信号相乘，在送入加法器与代表 H 的定值电压相减，便得到 $H-\frac{\Delta p}{(\rho_1-\rho'')g}$，即为汽包水位 $H_0+\Delta H$。

三、量程迁移

在上面介绍的各种静压式液位测量方法都要求零液位（取压口）与压力传感器的入口在同一水平高度，否则会产生附加静压误差。但是，为了读数和维护的方便，在实际安装时不一定能满足这个要求。在这种情况下，就必须进行量程迁移。所谓的量程迁移，就是通过计算进行修正由于传感器入口不在零液位时造成的附加静压误差，常用的是对压力传感器进行零点调整，使它在只受附加静压时输出为“零”。

量程迁移有正迁移、负迁移和无迁移 3 种情况，下面以差压传感器测量液位为例进行介绍。

差压传感器测量液位的示意图如图 5-9 所示，其正、负压室分别与容器下部和上部的取压点相连通，连接负压室与容器上部取压点的引压管中充满与容器液位上方相同的气体，由于气体密度相对于液体小得多，则取压点与负压室之间的静压差很小，可以忽略。

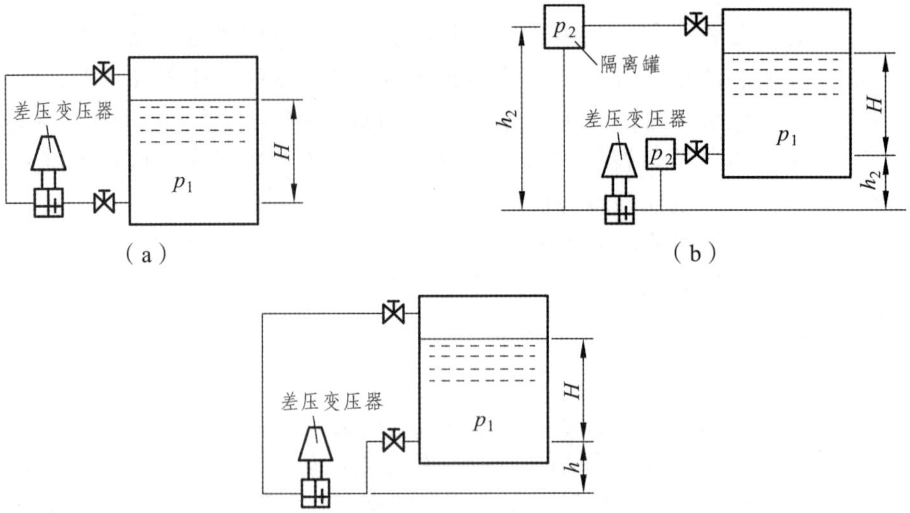

图 5-9　差压变送器测量液位原理

（1）无迁移。

当差压传感器的正负压室与零液位等高，如图 5-9（a）所示。传感器的输出差压 Δp 为

$$\Delta p = \rho g H \tag{5-10}$$

当 $H=0$ 时，$\Delta p=0$，差压传感器未受任何附加静压；当 $H=H_{\max}$ 时，$\Delta p=\Delta p_{\max}$。这说明差压传感器无须迁移。如果配接变送器转换成 4～20 mA 标准电信号，则输出电信号为 4 mA，表示输入差压值 $\Delta p=0$，也即 $H=0$；差变输出 20 mA，表示输入差压值为 $\Delta p_{\max}$，也即 $H=H_{\max}$。因此，变送器的输出电流 I 与液位 H 呈线性关系。

（2）正迁移。

在实际安装差压传感器时，如果传感器的正压室在零液位之下，如图 5-9（c）所示。传感器的输出差压 Δp 为

$$\Delta p = \rho g H + \rho g h \tag{5-11}$$

当 $H=0$ 时，$\Delta p=\rho g h=B>0$，差压传感器受到一个附加正差压作用，使差压变送器的输出 $I>4$ mA。为使 $H=0$ 时，差压变送器的输出 $I=$ mA，就要设法消去 B 的作用。由于 $B>0$，故需要正迁移。

正量程迁移就是通过调节差压变送器上的迁移弹簧，使变送器在 $\Delta p=C$ 时，输出电流 $I=4$ mA，对应于 $H=0$。这样，当差压变送器的输出电流 $I=20$ mA，$\Delta p=H_{\max}\rho_1 g+B$，对应于 $H=H_{\max}$。从而实现了差压变送器输出与液位之间的线性关系。

（3）负迁移。

在实际安装差压传感器时，如果传感器的正压室在零液位之上，如图 5-9（b）所示。传感器的输出差压为

$$\Delta p = \rho g H - \rho g h \tag{5-12}$$

当 $H = 0$ 时，$\Delta p = \rho g H = C < 0$，差压传感器受到一个附加负差压作用，使差压变送器的输出 I<4 mA。为使 $H = 0$ 时，差压变送器的输出 $I = 4$ mA，就要设法消去 C 的作用。由于 $C < 0$，故需要负迁移。

负量程迁移就是通过调节差压变送器上的迁移弹簧，使变送器在 $\Delta p = -C$ 时，输出电流 $I = 4$ mA，对应于 $H = 0$。这样，当差压变送器的输出电流 $I = 20$ mA，$\Delta p = H_{max}\rho_1 g - C$，对应于 $H = H_{max}$。从而实现了差压变送器输出与液位之间的线性关系。

应当说明的是，量程迁移只是因为差压传感器的安装位置等原因需要进行的，但它只改变液位的变化范围，而差压传感器的量程范围保持 $0 \sim \Delta p_{max}$ 不变。

四、特　点

静压式液位测量的是最常用的液位测量方法，它们具有下列特点

（1）结构简单、工作可靠、精度较高；

（2）测量元件只有一、两根导压管，结构简单，安装方便，便于操作维护，工作可靠；

（3）测量元件在容器中几乎不占空间，只需在容器壁上开一个或两个及以上孔即可；

（4）采用法兰式差压传感器可以解决高黏度、易凝固、易结晶、腐蚀性、含有悬浮物介质的液位测量问题；

（5）差压式液位计通用性强，可以用来测量压力和流量等参数。

第三节　浮力式液位测量

浮力式液位测量是依据阿基米德原理工作的，它包括恒浮力式液位测量和变浮力式测量两种。由于浮力式液位传感器结构简单、造价低、维持方便，因此在工业生产中应用广泛。

一、恒浮力式液位测量

恒浮力式液位测量方法是利用浮子本身的重力和所受的浮力均为定值，并使浮子始终漂浮在液面上，并跟随液面的变化而变化的原理来测量液位的。它包括浮标式、浮球式和翻板式等各种方法，由于它们的原理比较简单，下面以 UZG 型浮子式钢带液位计（见图 5-10）为例作简单介绍。

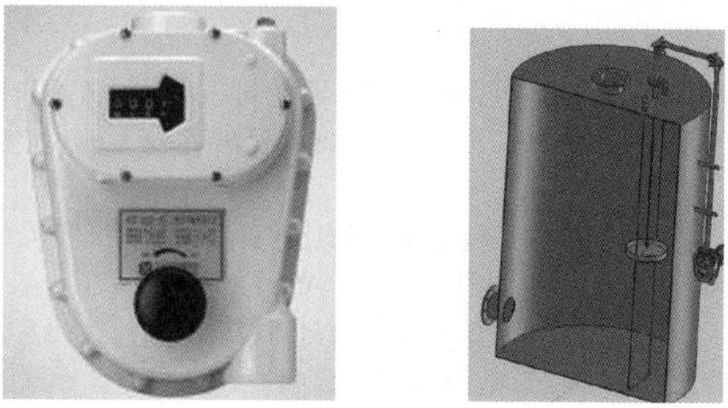

图 5-10 UZG 型浮子式钢带液位计

UZG 型浮子式钢带液位计根据力平衡原理而设计，浮子通过钢带与测量系统相连。

当浮子在平衡位置时，浮力 F、重力 W 和恒力装置提供的拉力 P 3 个力的矢量和等于零，浮子静止。

当液位发生变化，浮子随之浮动，破坏了原位置上的力平衡，使弹簧轮转动收进或放出钢带，液位变化停止时，浮子在新的位置上平衡。钢带上冲有等距的、精度高的孔，它精确地带动链轮按位移量转动，驱动计数器计数，就地显示新的液位。也可以在传动轴上配接变送器实现液位信号的远传。

在这种测量方法中，重力 W 为常数，浮子平衡在任何高度的液面上时，浮力 F 值均不变，所以把这类液位测量称为恒浮力式液位测量。

二、变浮力式液位测量

变浮力式液位测量是利用浮筒所受到的浮力与其浸入液体深度呈线性关系来测量液位的，如图 5-11 所示。

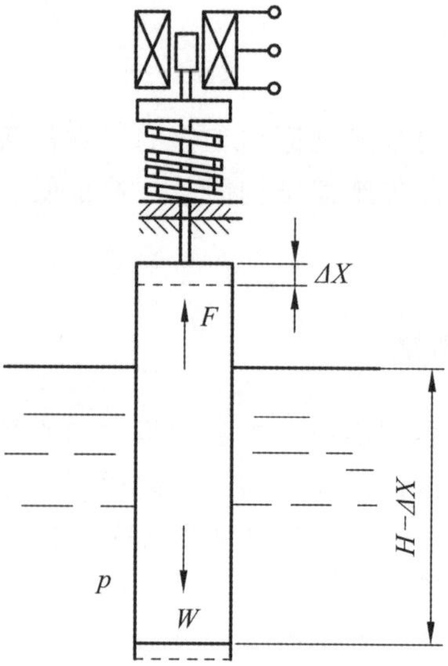

图 5-11 变浮力式液位测量原理

变浮力式液位测量弹簧的下端固定，圆筒形空心金属浮筒悬挂在弹簧上端，弹簧因承受浮筒的重力被压缩，当浮筒的重力与弹簧力达到平衡时，有

$$mg = kx_0 \tag{5-13}$$

式中，k 为弹簧的刚度系数；m 为浮筒的质量；x_0 为弹簧由于浮筒重力被压缩所产生的位移。

把浮筒浸入被测液体，浮筒的一部分被液体浸没，由于受到液体浮力作用浮筒会向上移动。

当浮筒所受浮力与弹簧力和它的重力平衡时，浮筒停止移动。这时，浮筒移动的距离，就是弹簧的位移变化量。

根据力平衡原理，下列关系成立。

$$mg = C(x_0 - \Delta x) + Ah'\rho g \tag{5-14}$$

式中，ρ 为浸没浮筒的液体密度；Δx 为浮筒移动的距离；A 为浮筒横截面积；h'为浮筒被液体浸没的长度。

整理上面两式后可得

$$h' = \frac{C}{A\rho g}\Delta x$$

所以，液位的高度 H 为

$$h = h' + \Delta x = \left(1 + \frac{C}{A\rho g}\right)\Delta x \tag{5-15}$$

可见，当浮筒和弹簧的刚度系数一定时，液位的高度 h 与浮筒的位移变化量呈正比关系。因此只要能测出浮筒的位移变化量，从而就测量出液位的高度 h。

在浮筒的连杆上安装一铁心，它可随浮筒一起上下移动。当液位变化时，浮筒产生位移，并带动铁心，改变了差动变压器初级线圈和次级线圈的耦合情况，它输出的电动势与位移呈正比关系，从而把液位信号转换成电信号，便于远传。

第四节　超声波物位测量

超声波物位测量是利用超声波在气体、液体和固体介质中传播的回声测距原理进行测量的，超声波发射到分界面（即物料表面或液体表面）后产生反射，由接收换能器接收反射回波，利用反射到接收的时间间隔及声速，通过计算可得到物位高度。

超声波物位测量是一种非接触式的物位测量方法，应用领域十分广泛。既可用于液位测量，也可用于料位测量。

一、超声波液位测量

超声波液位测量的原理（见图 5-12）：超声波探头（既是发射换能器又是接收换能器）被置于容器底部，当它向液面发射短促的脉冲时，在液面处产生反射，回波被探头接收器接收。若超声波探头到液面的距离为 h，声波在液体中的传播速度为 v，则有下列简单关系：

$$h = \frac{1}{2}vt \tag{5-16}$$

式中，t 为超声脉冲从发射到接收所经过的时间。

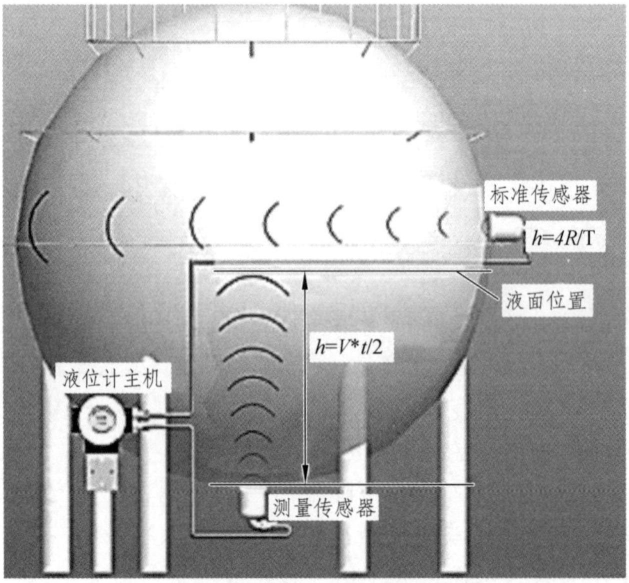

图 5-12　超声波液位测量原理

当超声波的传播速度为已知时，利用式（5-16）就可以求得液位。

选择单探头还是双探头主要应根据测量对象的具体情况考虑。一般多采用单探头方案，因为单探头简单、安装方便、维修工作量也较小，可以直接测出液位高度 h，不必修正。但是，单探头方案有一个接收盲区问题。在发射超声波脉冲时，要在探头上加比较高的激励电压，这个电压虽然持续时间较短，但在停止发射时，在探头上仍存在一定的余振。如果在余振时间将探头转向接收放大线路，则放大器的输入将还有一个足够强的信号。显然在这段时间内，即使能收到回波信号，该信号也很难被分辨出来，因此称这段时间为盲区时间。过了盲区时间后，接收换能器才能分辨回波信号。探头的盲区时间与结构参数、工作电压、频率等因素有关，可以通过实验确定。如果知道盲区时间，再求得超声波的传播速度，就可以确定盲区距离。由于盲区距离的限制，采用该方案时，不能测量小于盲区距离的液位，如图 5-13 所示。

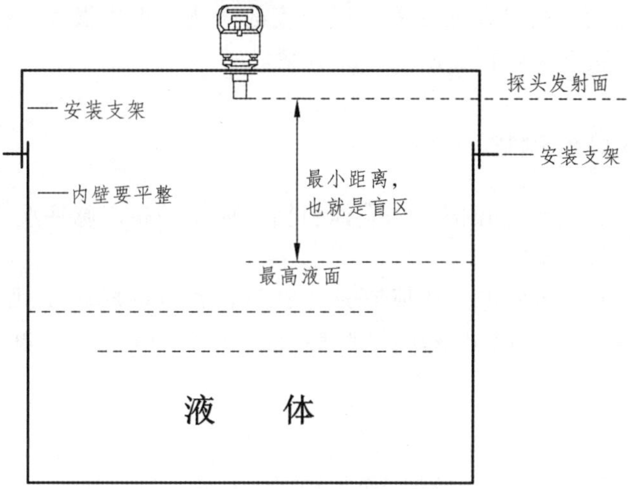

图 5-13　单探头方案

采用双探头方案，从理论上没有盲区问题。但是由于电路耦合及非定向声波对接收器的作用，在发射超声波脉冲时，接收线路中也将产生微弱的输出。此外，当探测距离较远时，为了保证一定灵敏度，应采用大功率发射换能器，加大发射功率。采用的高灵敏度接收换能器，如图 5-14 所示。

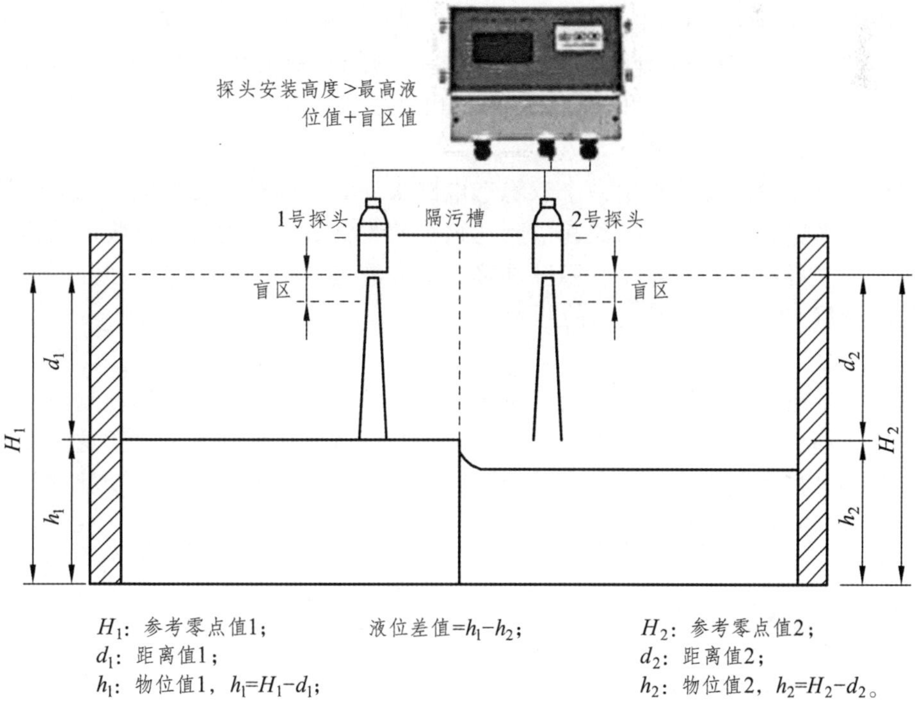

图 5-14　双探头方案

另外，还可用固介式。固介式是用固体传声，把传声棒插入液体中，探头装在传声棒上端，当声波经传声棒传到液体表面时，就有反射波沿传声棒传回。由于在固体中声波传播较为复杂，同时存在几种不同速度的声波，干扰很大，信噪比很难提高，精度也很难提高，所以一般很少用固介式方案。

二、超声波料位测量

超声波探头固定在粉仓顶部，当它向料面发射一个超声脉冲波，该波在空气中传播，遇到料面时反射回来。

超声波料位计的工作原理：从顶部的已知高度 L 处向料面发射一个超声脉冲波，该波在空气中传播（速度为 340 m/s），遇到料面时反射回来。若能测得声波往返时间 t，则求得料位高度 h。

$$h = L - \frac{1}{2}vt \tag{5-17}$$

式中，t 为超声脉冲从发射到接收所经过的时间；h 为料位高度。

由式（5-17）可知，只要测得声波往返时间 t，就能求得料位高度 h 值。

三、回波时间测量

当超声波在传声介质中的声速一定时，只要测出超声波从发射到接收所经过的时间，就可测量物位。目前在物位测量中为了减少单位时间内超声波的发射能量，减小空化效应、温升效应以及节约仪器的能耗，同时又可提高超声脉冲的幅值和测量精度，一般采用较高频率的超声脉冲。因此，回波时间可采用双稳电路计时法和测时法两种方案测量。

（1）双稳电路测量时间。

双稳电路测量时间是利用一个双稳态电路来计时，即触发发射电路的脉冲同时触发这个双稳电路，当反射的回波前沿到达这个接收器时，再用这个接收波前沿脉冲触发双稳，使之翻回。显然这个双稳脉冲输出的方波宽度就是要测量的回波时间。回波时间的测量就变成了对方波宽度的测量。

（2）测时法。

测时法是通过计量两次发出超声波脉冲的时间来测量回波时间的。超声波传感器发出第一个超声波脉冲，经过被测面反射后，当回波回到传感器上时，这个回波的前沿又接着触发探头发出第二个超声波脉冲，第一个脉冲的前沿和第二个脉冲的前沿中间经过的时间间隔 t 就是回波时间。

四、超声波的接收和反射

超声波探头又称为超声波换能器，是完成超声波发射和接收的关键器件。它分为发射换能器和接收换能器。发射换能器将其他形式的能量转换成超声波，接收换能器是把接收到的超声波转换成其他易于测量的能量。能量的形式多种多样，因此换能器的形式也各不相同。在超声波测量中，最常用的是压电换能器，其次是磁致伸缩换能器。

（1）压电换能器。

压电换能器的接收和反射是基于压电效应和逆压电效应。超声波的发射是利用压电材料的逆压电效应，将交变电压加在压电材料端面的电极上，沿着晶体厚度方向将产生与所加交变电压同频率的机械振动，向外发射声波，实现了电能与声能（机械能）的转换。超声波的接收是利用压电材料的压电效应，压电材料在受到声波声压的作用时，材料两端将会产生与声压变化同步的电荷，从而把声能（机械能）转换成电能。

压电材料可以是石英晶体、压电陶瓷、压电半导体、高分子压电材料等。根据不同的需要，压电片的振动方式有很多，如薄片的厚度振动、纵片的长度振动、圆片的径向振动、弯曲振动，其中以薄片厚度振动用得最多。

由于压电晶体本身较脆，并因各种绝缘、密封、防腐蚀、阻抗匹配及防护不良环境要求，压电元件往往装在一壳体内而构成探头。其中球面音膜起改善阻抗匹配、提高辐射功率的作用，其振动频率在几百千赫以上，采用厚度振动的压电片。

（2）磁致伸缩换能器。

磁致伸缩换能器的接收和发射是基于磁致伸缩效应和逆磁致伸缩效应。超声波的发射是利用磁致伸缩材料的磁致伸缩效应，将磁致伸缩材料置于交变磁场中，在沿着磁场方向使它产生机械尺寸的交替变化，即机械振动，从而产生超声波。超声波的接收是利用磁致伸缩材料的逆磁致伸缩效应，磁致伸缩材料在受到声波声压的作用时，引起内部发生形变，产生应力，使各磁畴之间的界限发生移动，磁畴磁化强度矢量转动，从而使材料的磁化强度和磁导率发生相应的变化。在磁致伸缩材料外加一个线圈，可以把材料的磁性变化转化成为线圈电流的变化，因此可用来接收超声波。

磁致伸缩材料可以是某些铁磁材料及其合金，如镍、镍铁合金、铝铁合金、铁钴钒合金等和含锌、镍的铁氧体。不同的磁致伸缩材料在外加交变磁场时其磁致伸缩效应的大小是不同的，其中镍的磁致伸缩效应最大。

常用的磁致伸缩换能器是用厚度为 0.1～0.4 ㎜的镍片叠加而成的，片与片之间采取绝缘措施以减少涡流电流损失。其形状有矩形、窗形等。

五、超声波物位测量的特点

利用超声波测量物位有许多的优点。

（1）超声波物位传感器与物料不直接接触，安装维护方便，价格便宜；

（2）测量精度高，可达 0.1%，测量范围大，可达 10^{-2}～10^{4} m 以及换能器寿命长；

（3）超声波不受光线、料度的影响，其传播速度并不直接与媒质的介电常数、电导率、热导率有关，因此超声波传感器广泛用于测量腐蚀性和侵蚀性物粒及性质易变的物位。

但是，由于超声波的传播速度受传声介质的成分及温度梯度的影响，超声波物位传感器不能测量有气泡和有悬浮物的液位，因为气泡和悬浮物将使超声能量在该区域内消耗而不能传到较远处；当被测液面有很大波浪时，在测量上会引起声波反射混乱，产生测量误差。

第五节　电容式物位测量

电容式物位传感器是利用被测介质面的变化引起电容变化的一种变介质型电容传感器，通过测量物料所处的两电极间的电容（其中一个电容也可以是电容壁）来测量物位。它可用于液位和料位的测量。

电容式物位测量是基于圆筒电容器工作的，电容式物位传感器是由两个长度为 L，内径分别为 D 和 d 的同轴圆筒形金属导体（电极）组成。

将两同轴电极放入被测容器中，当被测容器中无液体存在时，即两电极不被液体浸没时，由该圆筒组成的电容器的电容量为

$$C_0 = \frac{2\pi\varepsilon_1 L}{\ln\dfrac{D}{d}} \tag{5-18}$$

其中，ε_1 为容器中气体的介电常数。

当被测容器中有液体存在时（见图 5-15），则两电极之间的一部分被液体浸没，设被浸没的电极长度为 h，此时电容器的电容量为

$$C = \frac{2\pi\varepsilon_1(L-h)}{\ln\dfrac{D}{d}} + \frac{2\pi\varepsilon_2 h}{\ln\dfrac{D}{d}} \tag{5-19}$$

式中，ε_2 为被测液体的介电常数；h 为被测液位，即被浸没的电极长度。

则被测液位从 0 增加到 h 时，电容器的电容变化量为

$$\Delta C = C - C_0 = \frac{2\pi\ (\varepsilon_1 - \varepsilon_2)\ h}{\ln\dfrac{D}{d}} \tag{5-20}$$

可见，当两圆筒形电容器的几何尺寸 L、D 和 d 保持不变，且介电常数 ε_1、ε_2 也不变化时，电容器的电容增量 ΔC 与被测液体的液位，即浸没电极的长度呈正比关系。而且，两种介质的介电常数的差值（$\varepsilon_2 - \varepsilon_1$）越大，极径 D 和 d 相差越小，电容变化量

ΔC 就越大，说明传感器的灵敏度越高。

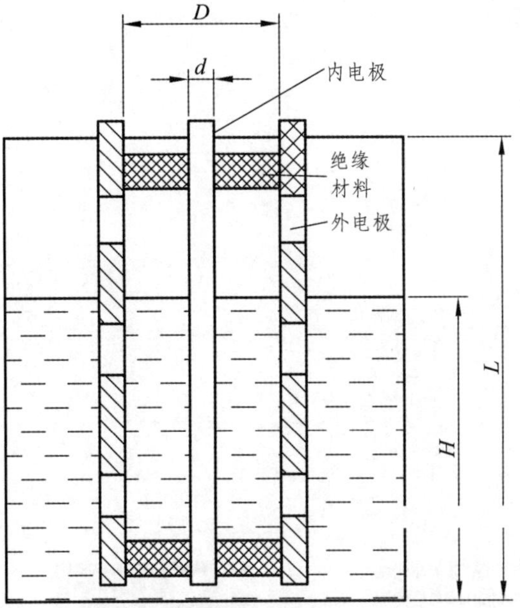

图 5-15 电容式物位测量原理

因此，电容式液位测量的基本原理是将液位的变化转换为由插入电极所构成的电容器的电容量的改变，通过测量电容的变化量，来测量液位，电容的变化量随液位的升高而线性增加。

上述原理主要用于非导电液体液位的测量，对于导电性液体，圆筒形电极将被导电的液体短路，电极必须用绝缘物（如聚乙烯）覆盖作为中间介质，或者采用单电极结构，而液体和外圆筒一起作为外电极，或者采用单电极结构，具体情况可参见相关资料。

课后习题

（1）简述物位测量的目的。

（2）常见的物位检测仪表有哪些？并简单阐述其检测原理。

（3）受压容器的液位测量，根据测量准确度的要求不同，可选用哪几种平衡容器？

（4）静压式液位测量有哪几种测量方法？并说明其特点。

第六章

仪表安装、识图、调试

学习目标

【知识目标】

（1）能够识图施工及要求；

（2）准确区分各种仪表使用领域及环境。

【技能目标】

（1）掌握核电仪表类型分类；

（2）掌握仪表安装工作区域要求；

（3）掌握传感器支架安装要求；

（4）掌握仪表管及支架安装要求；

（5）熟悉安装准则与总则。

【素养目标】

（1）培养工作中严细负责的工作作风；

（2）认识精准测量在工作中的重要性；

（3）团队协作能力和集体荣誉感。

第一节　概　述

一、仪表概念

仪器仪表是用于检出、测量、观察，计算各种物理量、物质成分、物性参数等的器具或设备。广义来说，仪器仪表也可具有自动控制、报警、信号传递和数据处理等功能。

二、仪表的作用

直观性、准确性、先进性、可靠性。

三、应用领域

仪器仪表应用领域广泛，覆盖了工业、农业、交通、科技、环保、国防、文教卫生、人民生活等各方面，在国民经济建设各行各业的运行过程中承担着把关者和指导者的任务。由于其地位特殊、作用大，对国民经济有巨大倍增和拉动作用，仪表有着良好的市场需求和巨大的发展潜力。

四、关键因数

人：学历满足、经过专业的理论、实操培训，特殊工种需要有特种作业证。
机：合格工机具，经过评定、校验、标定、检验。
料：施工用材料，验收合格、与图纸一致、数量满足。
法：施工程序、质量文件、风险分析报告、施工授权文件。
环：施工环境，通道、安全措施、照明度、交叉作业情况。

五、核电仪表类型

1. 按照显示类型

就地显示仪表：日常生活中的水表、电表，很直观地读取测量数据。
传感器：通过信号传递到集成终端，实现数据分析和逻辑控制。

2. 按功能分类

压力测量：就地（差压）压力表、压力（差压）变送器、压力开关。
流量测量：就地流量表、流量开关、流量变送器。
温度测量：就地显示温度计、温度开关、远传温度计（铜、铂电阻）。
振动测量：振动位移传感器。
辐射监测：辐射监测仪（综合型、带豁免源）。

六、核电仪表施工流程

预制质量文件开启 ⟶ 框架预制 ⟶ 安装质量文件开启 ⟶ 框架安装 ⟶ 阀组安装 ⟶ 管线敷设 ⟶ 焊接 ⟶ 水压气压试验 ⟶ 仪表安装 ⟶ 安装完成 ⟶ 工完场清→成品保护。

七、仪表安装工作区

进入工作区的人员应加以控制，进、出工作区的设备也应加以控制。

1. 地面清洁和工作区分类

在设备安装前、安装过程中及安装之后，电厂的房间和设施内都应保持适当的清洁度。地面应每周清理一次，清理频度也可根据工作实际情况确定。

工作区的清洁度等级应有标识并限制通往工作区的门的数量。

2. 推荐存放方法

各类设备应保持它的原包装，并存放在专用库房中。

电气电子设备对环境非常敏感，应注意保护，以防止受以下条件影响：

（1）温度的影响（极限温度或温度的突然变化）；

（2）湿气和蒸汽的影响；

（3）物理损伤；

（4）灰尘、脏物和烟雾等空气中悬浮物对设备的损坏。

存放区域应是 I 类要求，能防止周围环境盐雾，并满足以下要求：

（1）防火要求；

（2）温度保持在 16 ~ 40 °C；

（3）相对湿度低于 40% ~ 60%。

该库房应配有放置各种设备的搁架。库房内应保持清洁，还应配置带空气过滤器的空调系统。库房门应配锁，并能密封防尘。

仓库的人员进入应处于受控状态。

应进行定期性检查以确保设备的完好，发现问题提交报告。

应进行下列确认：

（1）设备是否有明确标识；
（2）包装和保护是否完好；
（3）有无物理损伤；
（4）清洁度是否满足要求。

第二节　仪表安装通用要求

一、传感器支架的适应性调整

（不适用于 REN 房间设备的安装）

固定在地面上的传感器支架的调整（见图 6-1）：

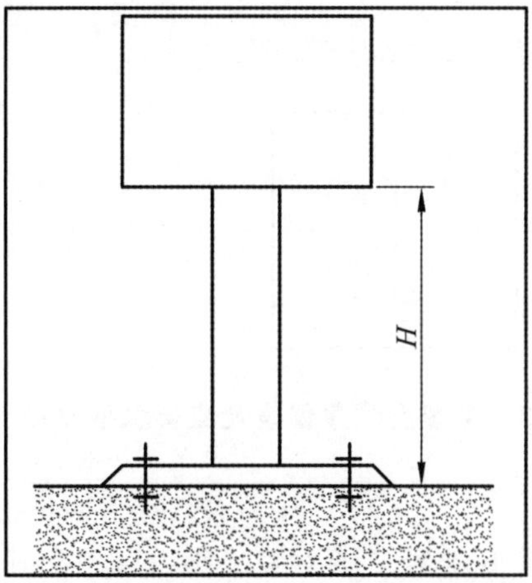

图 6-1　传感器支架安装高度示意图

（1）对于有抗振要求的传感器的支架，其安装高度 H 的允许误差是 ± 200 mm，但不能超过同类型支架的最大高度。

（2）对于没有抗振要求的传感器的支架，其安装高度 H 的允许误差是 ± 500 mm，但不能超过同类型支架的最大高度。

（3）安装高度 H 的数值从仪表与仪表支架组装图中查到；此误差同样适用于相关的变送器。

二、传感器安装的位置允许误差

（不适用于 REN 房间的安装）

1. 水平误差

仪表及其仪表支架的水平安装误差为 ± 500 mm，但有实体隔离要求时，应首先满足传感器实体隔离的要求（见图 6-2）。

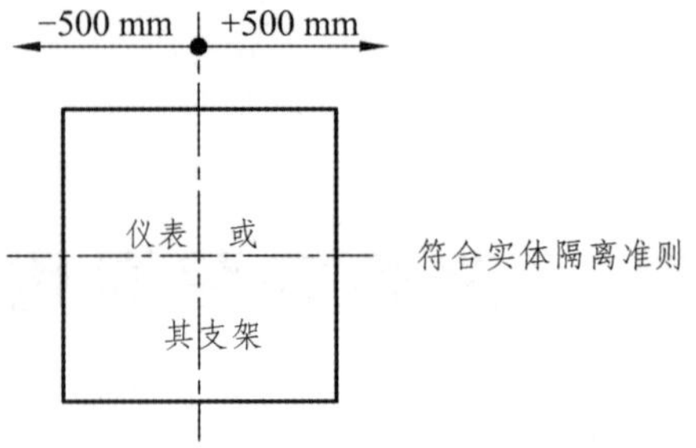

图 6-2　仪表及支架水平安装示意图

湿度测量和环境温度测量：

这类仪表的水平安装误差是 ± 1 000 mm，但有实体隔离要求时，应首先满足传感器实体隔离的要求（见图 6-3）。

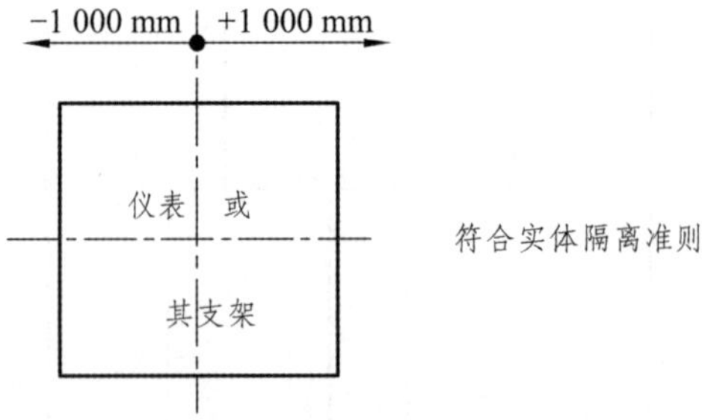

图 6-3　温湿度测量仪表及支架水平安装示意图

2. 标高误差

（1）压力变送器、流量变送器、压力表、压力开关和其他仪表。

仪表及其仪表支架的安装标高误差是 ± 200 mm，但首先应满足传感器实体隔离的要求（见图 6-4）。

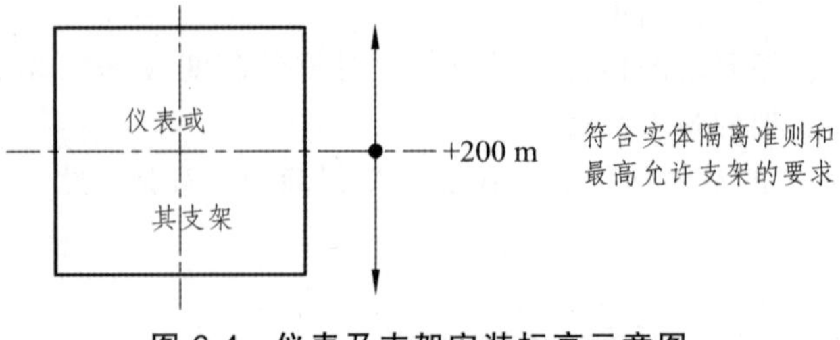

图 6-4　仪表及支架安装标高示意图

注意：仪表支架应满足与一次隔离阀的相对位置的要求。

（2）湿度测量和环境温度测量。

仪表及其仪表支架的安装标高误差是 ± 500 mm，但首先应满足传感器实体隔离的要求（见图 6-5）。

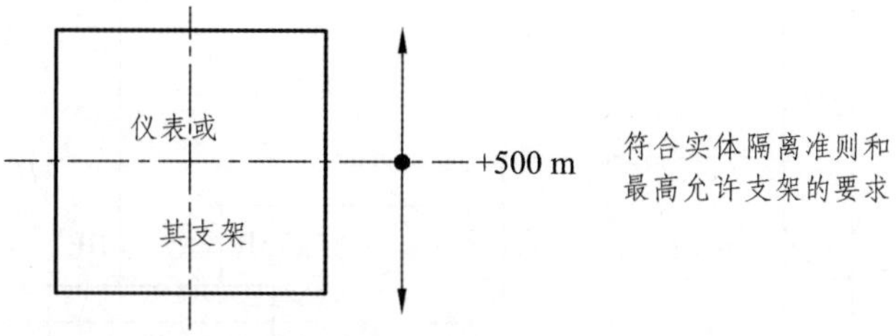

图 6-5　温湿度测量仪表及支架安装标高示意图

（3）浮球液位计。

这些仪表及其仪表支架的安装标高误差是 ± 10 mm，仪表安装标高应按安装图纸进行。

（4）差压液位测量传感器。

采用差压法测量液位的传感器安装高度应按照取压管嘴的位置来定，参考相关的图纸。按照图纸要求允许误差是 ± 10 mm。

注意：上述高度允许误差要求优先于传感器实体隔离的要求，这意味着传感器只能水平移动以满足实体隔离要求。

一般情况，如图 6-6 所示。

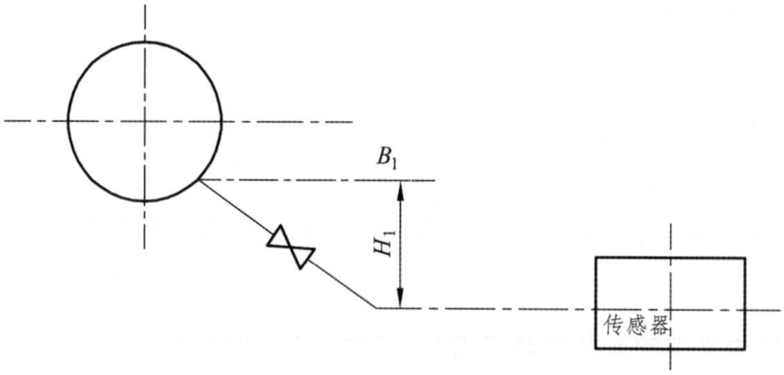

图 6-6　一般情况安装示意图

H_1：允差 ± 10 mm，从安装图上查找 H_1 的数值；对于容器类（蒸汽发生器、箱罐等），H_1 值为冷态工况下的测量值。

对于蒸汽发生器和稳压器，如果允许误差不能满足，按照现场实际情况确定。

H_1 或 H_2：允差 ± 10 mm，从安装图上查找它们的数值（见图 6-7）。

三、传感器支架的锚固

传感器支架应使用膨胀螺栓固定在混凝土结构上。

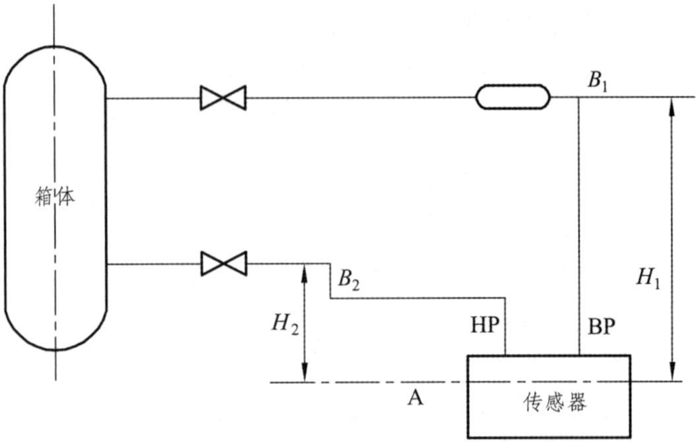

图 6-7　差压液位传感器安装高度示意图

抗振级别的仪表支架和附属支架应使用 P 型膨胀螺栓；非抗振级别的仪表支架和附属支架应使用 P 型或 Q 型膨胀螺栓固定。

注意：锁紧力矩应执行相关标准。

四、位置限制

传感器不能安装在下列区域：

（1）存在水淹危险的区域；

（2）红色控制区；

（3）两个房间的通道上；

（4）门后（除非安装有门止装置）；

（5）格栅上。

除那些管线上安装的仪表外，仪表支架不应固定在工艺管线上（属于 EM4 范围）或格栅上。

第三节　仪表管安装通用要求

一、仪表及仪表管

（1）不同的保护组或控制组仪表，其仪表管应保持至少 50 cm 的隔离，如果可能的话，不同组的仪表管应穿过不同的孔洞。

（2）如果管道必须通过一段共同的通道，它们应走各自独立的经过加强固定的套管。

（3）仪表管不能与电缆或高能管道共用一个开孔。

（4）不同保护组或控制组仪表管不可成束固定在一起或使用同一个仪表管支架。

（5）如果不同保护组或控制组仪表管的最少间距（50 cm）不能满足，必须安装机械保护装置。

（6）机械保护装置可以与两个不同保护组或控制组中的一个的仪表管道有共同的支架，但公用支架的抗振性能应重新验证。

上述规则也适用于控制组和保护组仪表之间的隔离要求。

控制组的仪表管道可以和工艺管道穿越同一孔洞，但不能与高能管线、电缆穿越同一孔洞。

不同保护组或控制组仪表其安装间距至少保持 1 m，并且应有各自独立安装支架。

按上述要求，冗余的传感器之间应保持至少 1 m 的距离，若不能满足则应加装隔离机械保护，隔离机械保护装置的支架应独立于冗余传感器的支架。

二、抗危险环境的保护

1. 高能工艺管道

在反应堆厂房处于正常运行条件下，内径大于 25 mm 管道，如果运行在压力大于 2×10^{-6} Pa 或温度大于 100 °C 且至少有 2%的运行时间是运行在上述条件下，则这些管道被认为是高能工艺管道。

仪表管道应与高能管道保持至少 50 cm 的距离，并尽可能地远离高能管道，仪表的安装位置应与高能管道保持至少 3 m 的距离，并尽可能地远离高能管道，在不能满足上述安装条件下，需针对相应的高能管道对仪表管或仪表设计保护措施。

2. 核级仪表及仪表管的安装

应根据现场需要逐个分析，确定是否安装机械保护装置。

仪表管应尽可能避开大的通道区域或吊装区域。如不能避免，则应加装机械保护装置。

极端条件下，仪表管需沿地敷设。敷设在电子机柜的犄角处或敷设在有可能有危险的通道处时，必须示以明显黄黑相间的条纹标识。

下列区域禁止敷设仪表管：

（1）房间入口处；

（2）距离保温设备 60 cm 范围内；

（3）距离保温管道 30 cm 范围内；

（4）距离有防火保护的电缆桥架 20 cm 范围内；

（5）门后；

（6）栏杆等；

（7）工艺管道或者其支架。

下列区域禁止安装仪表：

（1）门后；
（2）高温房间内或有火灾风险的区域；
（3）可能被淹的区域内；
（4）房间的通道上；
（5）高辐射区域，红区或橙区的房间（除了在线仪表）；
（6）易受振动的结构，如栏杆、格栅等；
（7）反应堆压力容器上。

三、有保温和伴热的管道

蒸汽发生器液位测量（窄量程）管线应予以保温，这些管道的保温可以认为是对不同的保护组仪表管线进行了机械保护，安装承包商应遵守管道伴热的相关技术要求，应注意避免将热量传至冷设备上。

四、仪表管坡度

（不适用于 REN 房间的管道安装）

仪表管沿水平敷设时应有一定的坡度，管路倾斜方向应能保证排除气体或凝结液，仪表管的坡度应在传感器安装标准图和仪表管道布置图有明确地指示（如需要），在仪表根阀和传感器之间有 10%的坡度（包括膨胀环）。如果现场无法满足 10%的坡度要求，至少也要保证有 2%的坡度。

从根阀到冷凝罐之间应该保证 10%～50%的坡度，对于存在两相介质的仪表管，从汽水分离器至仪表的管道，其坡度通常要求 10%。

注意：如果仪表管需要沿地敷设很长一段管道时，坡度可以小于 2%，但注意一定不要平铺或发生反方向向上倾斜的现象。

五、仪表管道安装的允许公差

（不适用于 REN 房间的管道安装）

1. 膨胀环的安装允差

当需要安装膨胀环时，按照图纸要求，根阀与仪表管道的第一个固定支架的距离及允许公差应满足以下要求。

（1）对于直管道：允许公差是 ± 5%，最大不超过 ± 20 mm；

（2）方向的变化公差为 ± 5°；

（3）对于 L_{tl}，L_{td}，L_{th} 这三个尺寸即根阀距离仪表管的第一个固定点的 X、Y、Z 三个方向上的总体的尺寸不应超过 ± 20 mm。

1/4″仪表管示例，如图 6-8 所示。

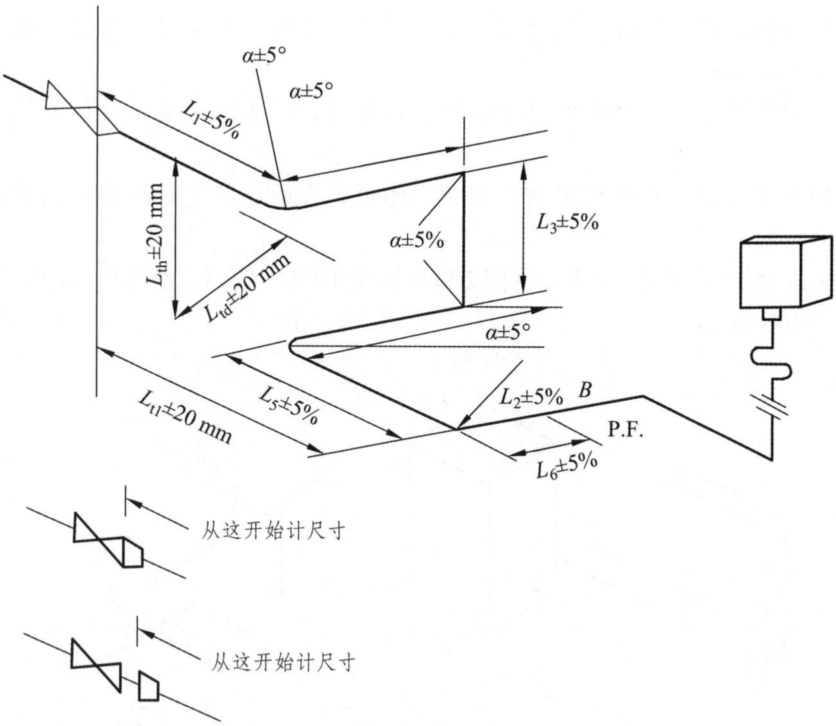

图 6-8　1/4″仪表管膨胀环安装示意图

3/8″仪表管示例，如图 6-9 所示。

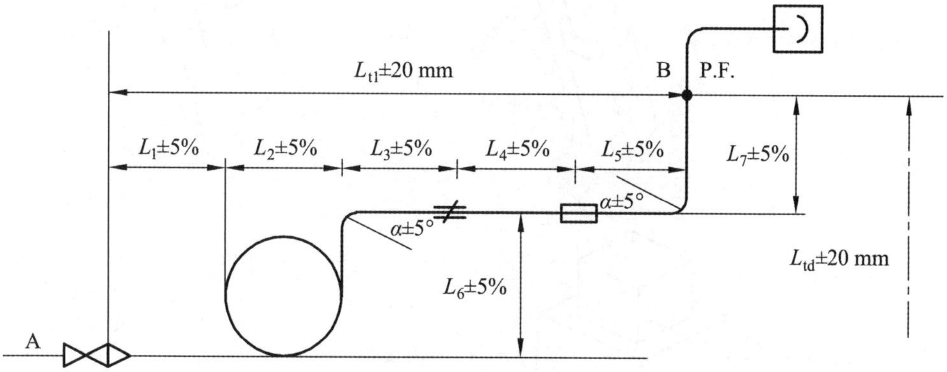

图 6-9　3/8″仪表管膨胀环安装示意图

2. 其他公差

应遵循下列规则（除非另有说明）。

（1）仪表管靠近混凝土结构或钢结构同时它们不发生关系，结构和仪表管之间的最小距离是 50 mm；

（2）仪表管靠近设备同时又与其无任何关系时，仪表管距离设备的最小距离是 50 mm；

（3）两个分别固定的仪表管之间的最小间距是 30 mm；

（4）仪表管道沿墙敷设且与墙体不发生关系，如仪表管道需要保温，则仪表管距离墙体至少 130 mm；

（5）当仪表管道在一个有保温层的设备附近时，仪表管距离该设备的最小距离是 600 mm；

（6）当仪表管道在有保温层的工艺管道附近敷设时，仪表管距离工艺管道的最小距离是 300 mm；

（7）在具有防火保护的电缆托盘的附近敷设仪表管道时，距离托盘的最小距离是 200 mm。

如图 6-10 所示。

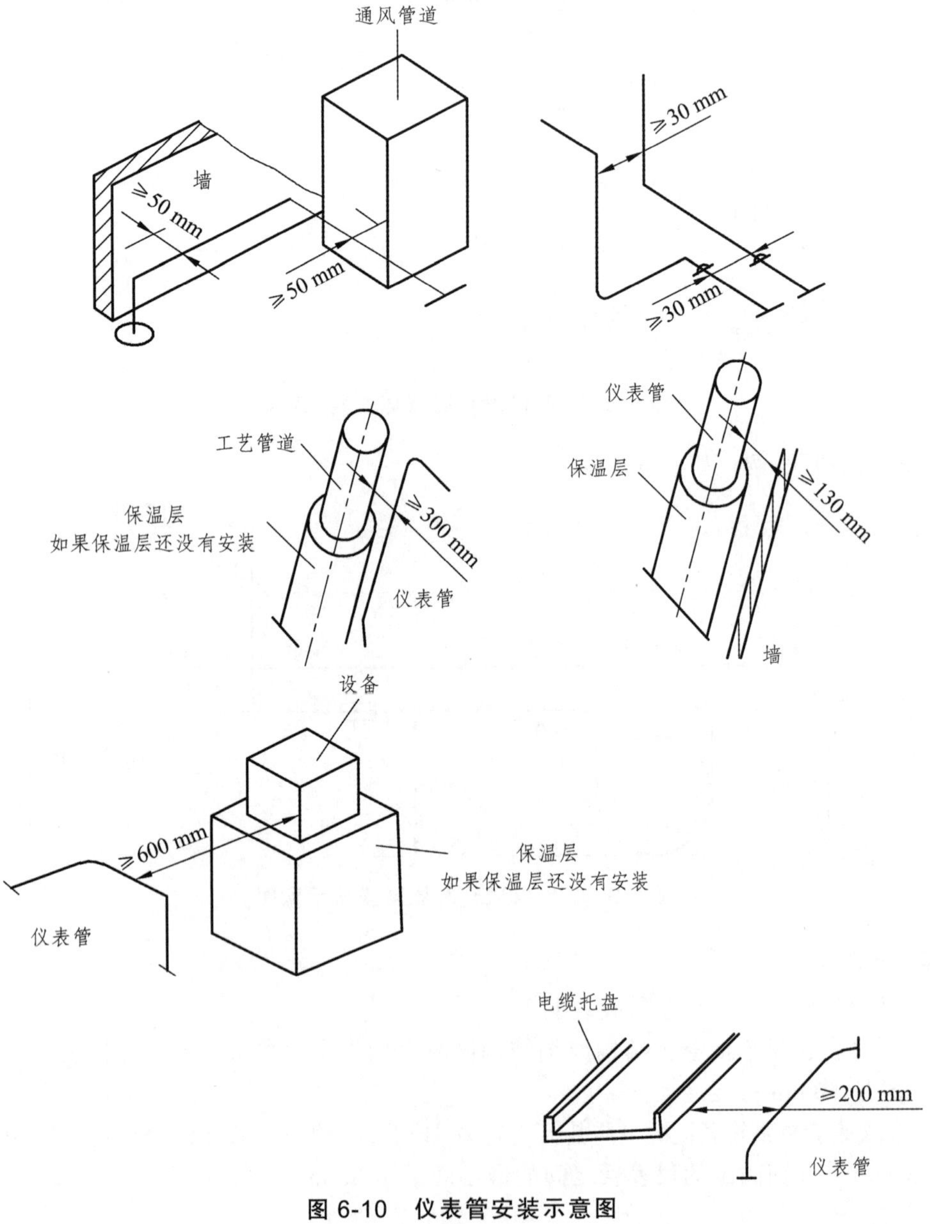

图 6-10　仪表管安装示意图

六、仪表管道预制弯曲及最小弯曲半径

1. 仪表管道预制弯曲

弯曲工具介绍：

（1）仪表管弯曲常用工具为手动杠杆弯管器、手动液压弯管器和电动弯管器等；

（2）ϕ1/4″P 以下规格的仪表管弯曲时采用手动杠杆弯管器，根据管道规格有多种不同的型号，常用的为ϕ1/4″OD、ϕ3/8″OD、ϕ1/4″P 等；

（3）ϕ1/4″P 以上规格的仪表管采用手动液压或电动弯管器进行弯管。

仪表弯管前的注意事项：

（1）仪表管上无污物和严重氧化，如有必要弯曲前要将仪表管清洁一遍；

（2）外表面的液体渗透试验是不要求的，但弯曲部分的目检之后如有疑问，则需要做液体渗透试验进行检验；

（3）不锈钢仪表管的弯曲一般在无润滑的情况下进行，但如果润滑剂易于清除，且不会造成仪表管污染，也可以润滑；

（4）使不锈钢管成形的工具不能造成铁素体污染或结皮，与不锈钢管接触的工具部件应衬有不锈钢或镀铬，或由不污染不锈钢的材料制成；

（5）如果环境温度低于 5 °C，则建议加热仪表管，但温度不应高于 50 °C；

（6）操作人员应具备相关的技术文件和图纸检验能力，熟悉管子的弯曲操作方法；

（7）仪表管的弯曲工具应是经 QC 验证合格后才能使用。

2. 仪表管弯曲后的检查

（1）仪表管弯曲目检内容。

①管弯曲前管子表面应光滑；

②管弯曲前表面无污物、无严重氧化；

③管弯曲后表面应平滑、无撕裂、褶皱、裂纹和其他降低管子强度的缺陷。

（2）尺寸检查范围。

在以下情况弯管才需进行尺寸检查：

① 不锈钢仪表管的弯曲半径小于 $5D$；

② 碳钢仪表管的弯曲半径小于 $10D$。

注：其中 D 等于仪表管外径。

（3）椭圆度检查。

① 椭圆度计算方法：

$$椭圆度 = (D_{最大} - D_{最小})/D_0 \times 100\%$$

式中 $D_{最大}$——弯曲后最大外径；

$D_{最小}$——弯曲后最小外径；

D_0——弯曲前外径。

如图 6-11 所示。

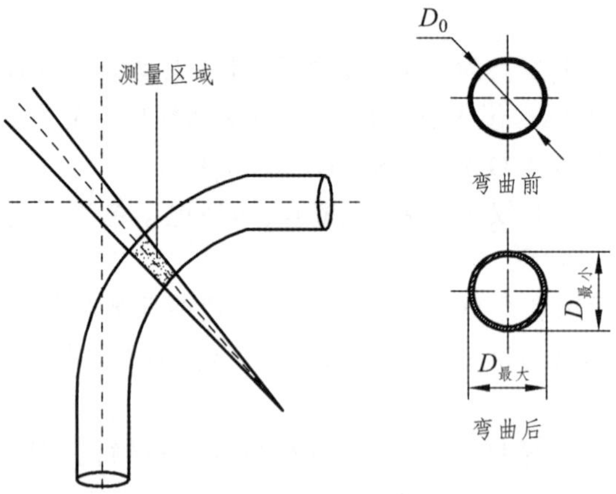

图 6-11　仪表管椭圆度检查示意图

② 检查结果：

a. 计算后的椭圆度应小于 8%；

b. 如椭圆度测量结果符合标准，弯管可接收；

c. 如椭圆度测量结果不符合标准，必须将弯管切除，在这种情况下，如果弯管无法达到标准要求，可用焊接弯头代替。

③ 最小外拱壁厚度检查。

最小外拱壁厚度的值应大于或等于仪表管规格表中的最小外拱壁厚，如图 6-12 所示。

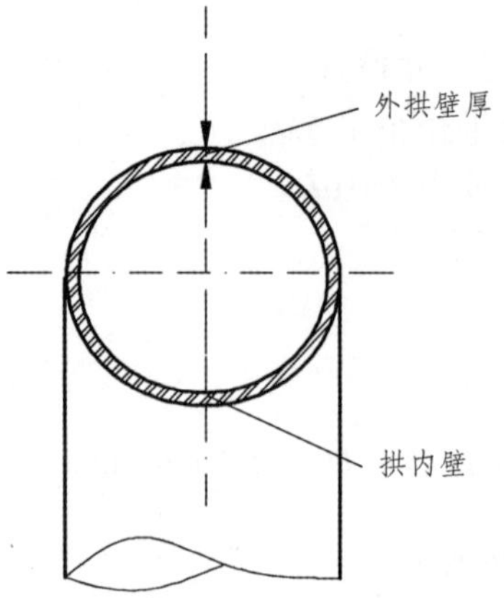

图 6-12　仪表管最小外拱壁厚度检查示意图

3. 仪表管道预制弯曲最小弯曲半径（见表 6-1～表 6-3）

表 6-1　不锈钢管道预制弯曲最小尺寸

直径	最小壁厚	材料	最小弯曲半径 *R*/*D*
3/16″OD	1.22 mm	316L 不锈钢	2.5
1/4″OD	0.065″　1.65 mm	316L 不锈钢	2.5
3/8″OD	0.065″　1.65 mm	316L 不锈钢	2.5
1/2″OD	0.065″　1.65 mm	316L 不锈钢	2.5
3/4″管道	0.08″　2 mm	316L 不锈钢	2.5
1″SCH 160	6.35 mm	304L 不锈钢	3.5
1/4″管道	1.22 mm	304L 不锈钢	2.50
1/4″管道	SCH10S　1.65 mm	304L 不锈钢	3.00
1/2″管道	SCH10S　2.11 mm	304L 不锈钢	3.00
3/4″管道	SCH10S　2.11 mm	304L 不锈钢	3.00
1/4″管道	SCH40S　2.23 mm	304L 不锈钢	2.50
1/2″管道	SCH40S　2.77 mm	304L 不锈钢	2.50
3/4″管道	SCH40S　2.87 mm	304L 不锈钢	3.00
1″管道	SCH40S　3.38 mm	304L 不锈钢	3.00
1 1/2″管道	SCH40S　3.68 mm	304L 不锈钢	3.00
2″管道	SCH40S　3.91 mm	304L 不锈钢	3.00
1/4″管道	SCH80S　3.02 mm	304L 不锈钢	3.00
1/2″管道	SCH80S　3.73 mm	304L 不锈钢	3.00
3/4″管道	SCH80S　3.91 mm	304L 不锈钢	3.00

注：*D* 为表管道的外径。

表 6-2　碳钢管道预制弯曲最小尺寸

直径	最小壁厚	材料	最小弯曲半径 *R*/*D*
1/4″管道	SCH40S　2.24 mm	碳钢	3.00
1″管道	SCH40S　3.38 mm	碳钢	3.00
1 1/4″管道	SCH40S　3.56 mm	碳钢	4.00
1 1/2″管道	SCH40S　3.68 mm	碳钢	4.00
2″管道	SCH40S　3.91 mm	碳钢	4.00
2 1/2″管道	SCH40S　5.16 mm	碳钢	4.00
1/4″管道	SCH80S　3.03 mm	碳钢	3.00
1/2″管道	SCH80S　3.73 mm	碳钢	3.00
3/4″管道	SCH80S　3.91 mm	碳钢	3.00
1″管道	SCH80S　3.38 mm	碳钢	3.00

表 6-3　铜管道预制弯曲最小尺寸

内径/外径	材料	最小弯曲半径
4/6 mm	硬制铜	11.5 mm
6/8 mm	硬制铜	14 mm
8/10 mm	硬制铜	23 mm
20/22 mm	硬制铜	90 mm

注：当管道弯到最小半径时，应对管道进行软化处理。

七、成对敷设的仪表管道的间距

成对出现的仪表管道（例如差压变送器引压管），除了在仪表根阀和阀组的连接部位外，应该使它们走相同的路径。仪表管之间的最大间距：对于 3/8″OD 仪表管，间距≤60 mm；对于其他外径的仪表管，间距≤150 mm。如图 6-13 所示。

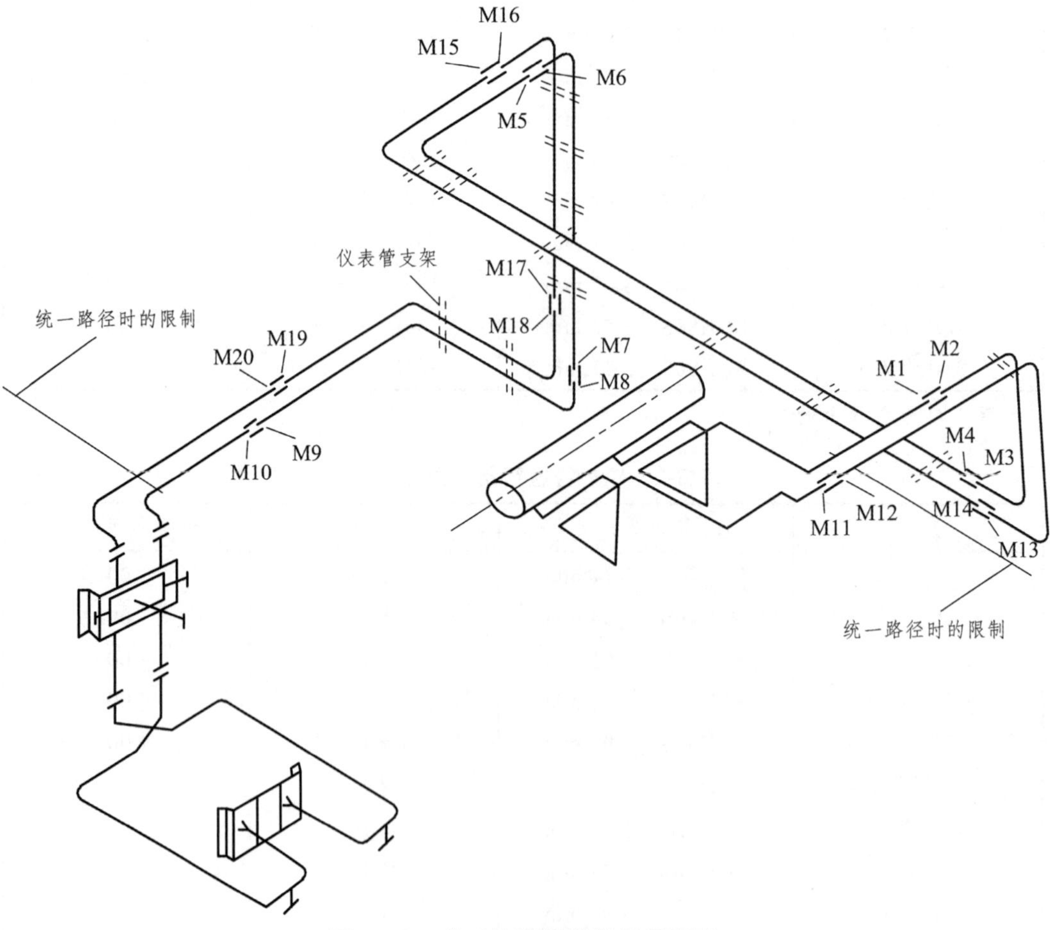

图 6-13　成对仪表管道敷设示意图

八、仪表管穿墙和地板

（不适用于 REN 房间的管道安装）

仪表管穿墙和地板时应按照以下要求执行，一定要满足仪表管要求的坡度。

当仪表管道穿过的墙体是冷的时候，应该考虑与仪表管相连的设备因热胀冷缩导致仪表管产生的位移（见图 6-14）。

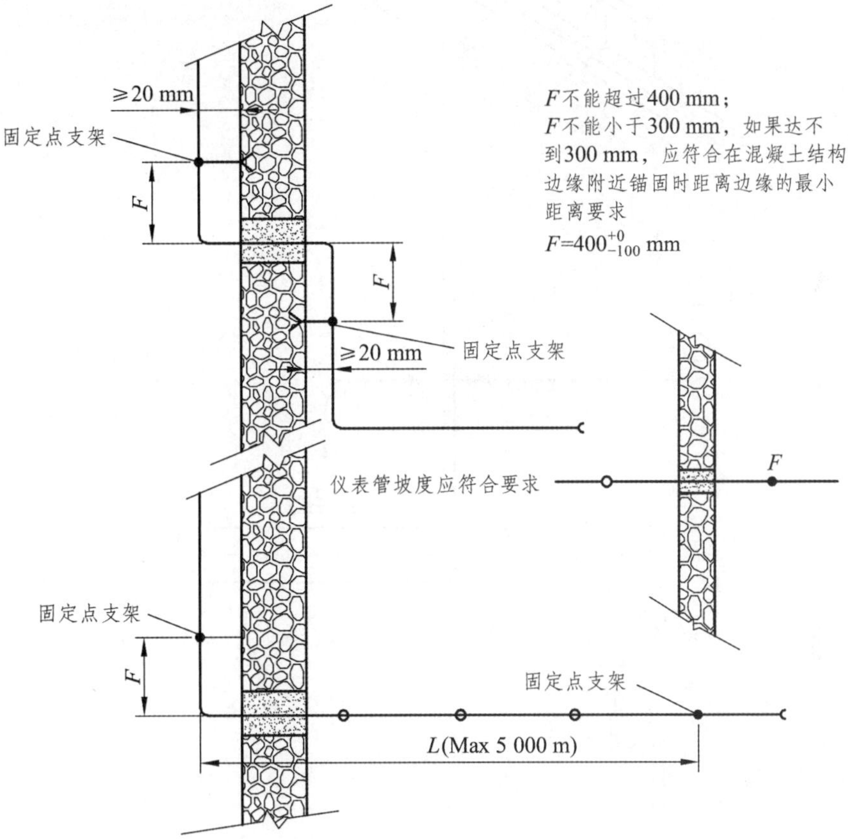

图 6-14　仪表管穿孔示意图

九、毛细管的敷设

毛细管敷设时应有机械保护，机械保护同时又对毛细管进行支撑，参考选择适宜型号的托盘。

密封系统的毛细管敷设应有连续的支撑，该支撑不仅是支撑同时也保护毛细管免受挤压而损坏。

毛细管敷设后，在其端部应绕成一个直径 2 倍弯曲半径到 300 mm 之间的一个圆环再予以固定（除非在工作文件里有特殊说明）。

注意：如果不能满足上述要求，应及时向采购方询问替代解决方法。

如图 6-15 所示。

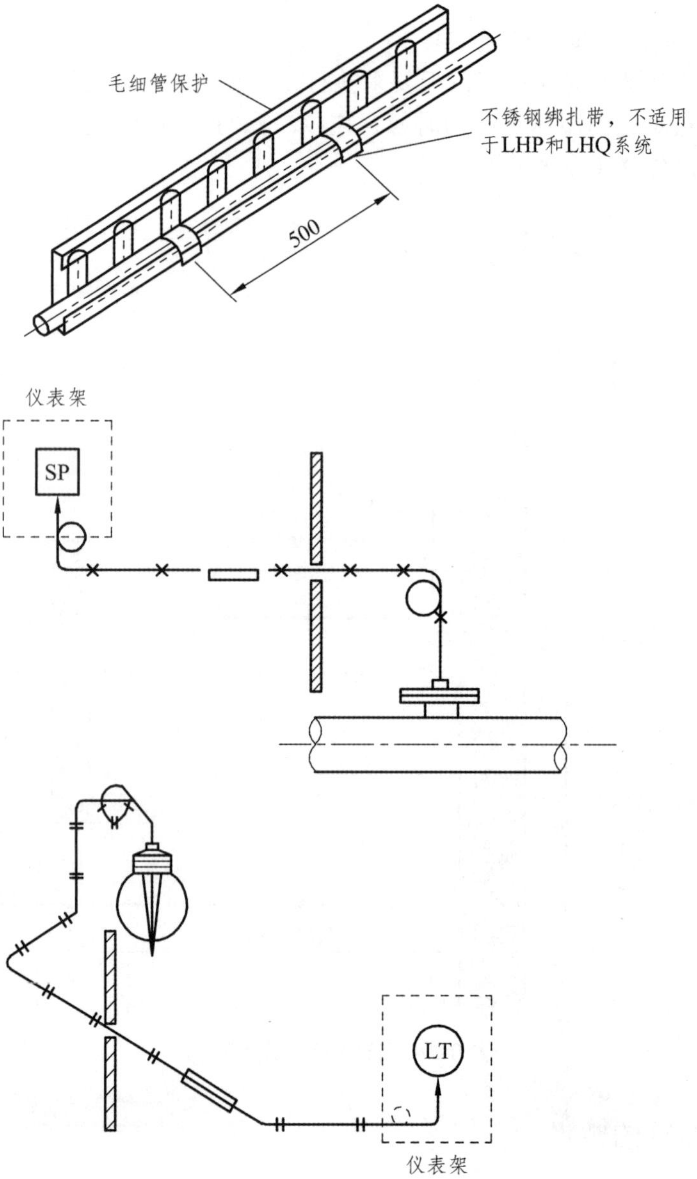

图 6-15　毛细管敷设示意图

十、仪表管敷设位置限制

下列区域不能敷设仪表管道：

（1）走廊、通道上；

（2）安装有门的出口位置（除非安装有门止装置）；

（3）格栅上；

（4）吊装区域；
（5）出口拐角处。
注意：如不能满足上述要求，应向采购方询问解决方法。

第四节　仪表管支架安装准则

当图纸上已经给出了仪表管道支架的位置，如没有另行说明，一般来说支架安装允许误差是 ± 20 mm，如图 6-16 所示。

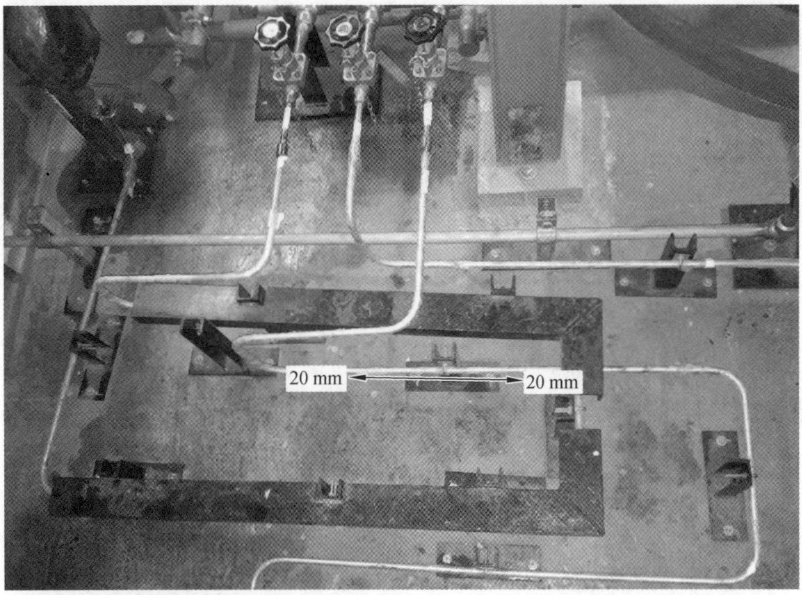

（a）仪表管支架安装

（b）非抗振支架

（c）抗振支架

图 6-16　支架与安装

一、直管道上的支架间距

（不适用于 REN 房间的管道安装）

1. 直管道上的两个支架间距

水平直管道支架间距，小于 1 200 mm，如图 6-17 所示。

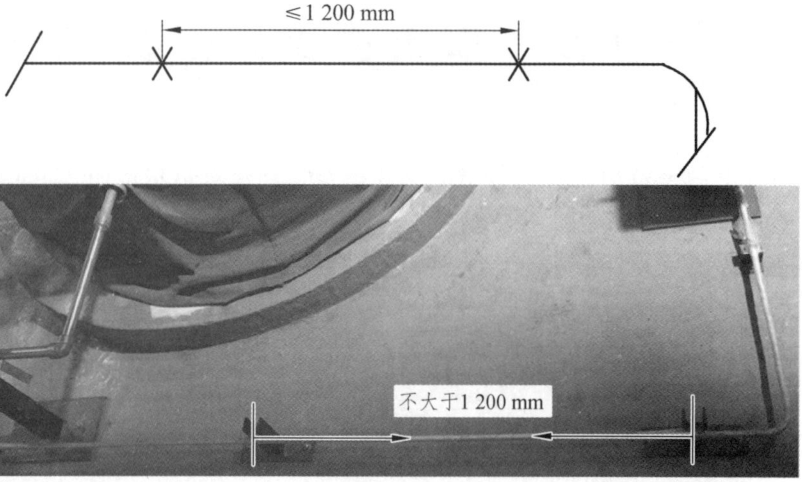

图 6-17　水平直管道支架安装示意图

2. 垂直直管道支架间距（见图 6-18）

仪表管直径 3/8″OD 的间距小于 1 700 mm。
仪表管直径 1/4″的间距小于 1 400 mm。

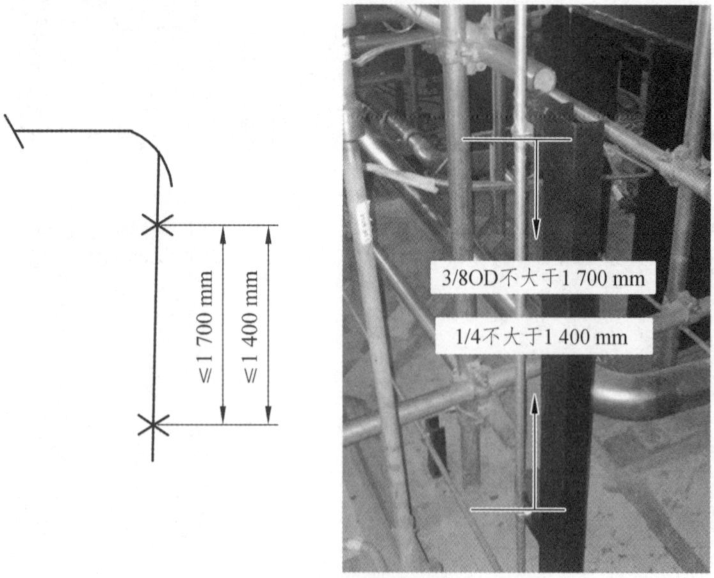

图 6-18　垂直管道支架安装示意图

二、弯头/弯管部位的支架间距

（不适用于 REN 房间的管道安装）

1. 弯头/弯管部位支架安装示意图一般准则（见图 6-19）

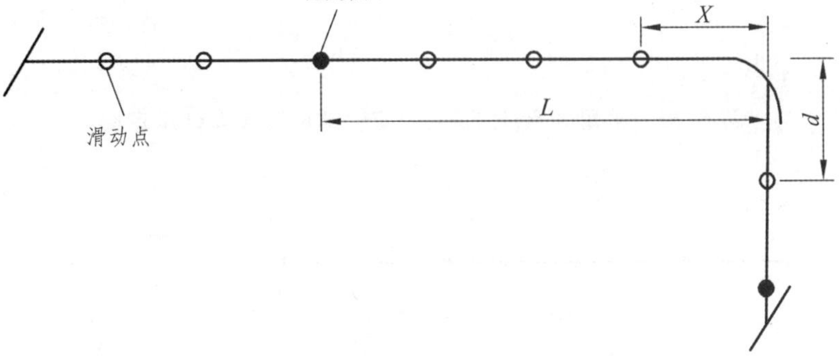

图 6-19　弯头/弯管部位支架安装示意图

第一个支架的位置，其最小距离值 *d* 与 *L* 值有关系，如表 6-4 所示。

表 6-4　支架的 *d* 与 *L* 关系

L/mm		1 500 以下	1 501 ~ 2 000	2 001 ~ 2 500	2 501 ~ 3 000	3 001 ~ 3 500	3 501 ~ 4 000	4 001 ~ 5 000	5 001 ~ 6 000
最小 *d*/mm	3/8″OD	190	230	270	300	330	350	380	420
	1/4″OD	150	180	210	240	270	300	300	300

对于所有管径的仪表管，*X* 值都一样：*X*≥150 mm，如表 6-5 所示。

表 6-5　仪表管的 *d* 与 *L* 关系

L/mm		6 001 ~ 7 000	7 001 ~ 8 000	8 001 ~ 9 000	9 001 ~ 10 000	10 001 ~ 12 000	12 001 ~ 15 000	15 001 以上
最小 *d*/mm	3/8″OD	460	500	530	560	590	650	720
	1/4″OD	300	300	300	300	600	600	600

注：这个准则适用于弯头/弯管的两侧。

2. 特殊准则

如图 6-20 ~ 图 6-21 所示，按 *d* 与 *X* 安装的两个支架之一应有一个在 400 mm 以内。

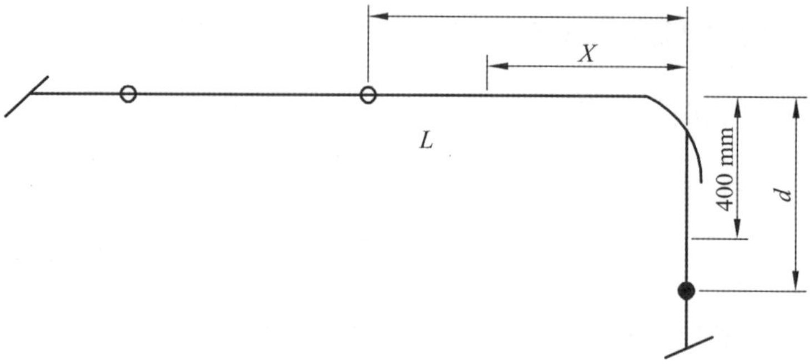

图 6-20　采用 *X* 距离的弯头/弯管部位支架安装示意图

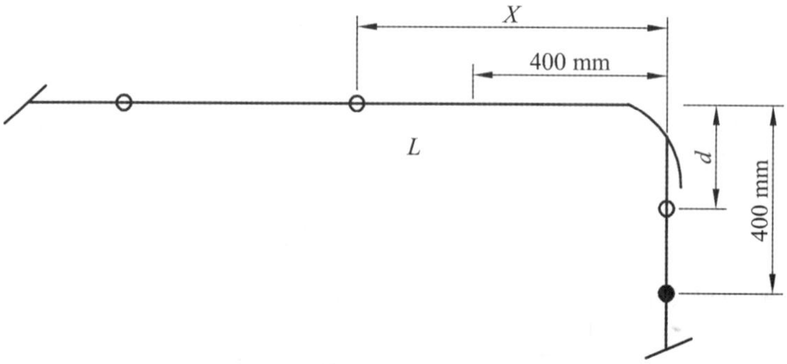

图 6-21　采用 *d* 距离的弯头/弯管部位支架安装示意图

三、1/4″管道支架间距

膨胀环下游，1/4″仪表管应如下支撑。

1. 直管道部分

如果直管道两个固定点之间距离很长，在它们之间应安装轴方向起导向作用的可滑动支撑，两个这种可滑动支撑之间的距离应小于 1 200 mm，如图 6-22 所示。

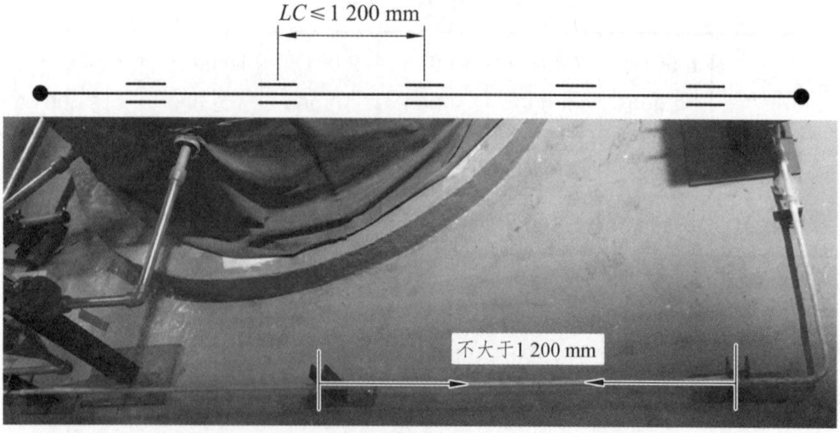

图 6-22　1/4″管道直管道支架安装示意图

2. 连续出现弯头和直管

每一段直管段支撑的间距都不超过 1 200 mm。当需要考虑膨胀时，尺寸 d 必须大于 600 mm，如图 6-23 所示。

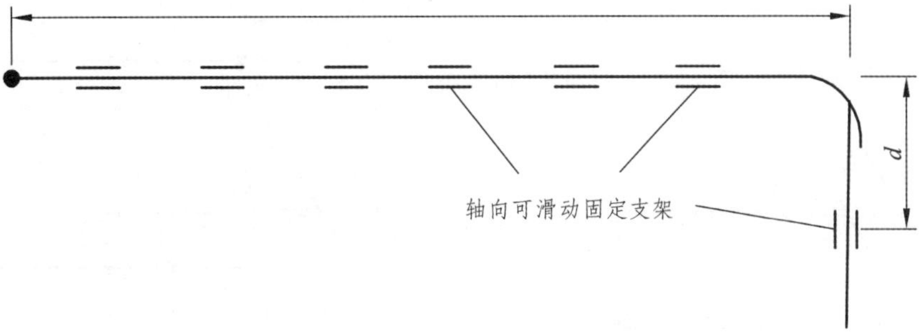

图 6-23　1/4″管道带弯头管道支架安装示意图

X 的尺寸不能超过 12 m；弯曲半径 $RC = 3.5D$；尺寸 d 最小为 600 mm；如果尺寸 d 最小为 600 mm 不能满足，d 最小可以取 300 mm，但此时 X 不能超过 10 m。

四、支架与管道支撑点的距离

（不适用于 REN 房间的管道安装）

1. 一般准则

第一个仪表管道支架应安装在距离最后一个工艺管道锚固点 1500^{+100}_{-500} mm 的位置处，仪表根阀也将看作是仪表管线的一个锚固点，如图 6-24 所示。

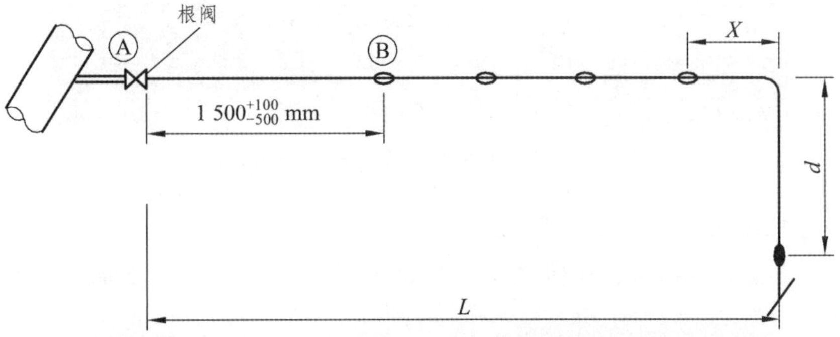

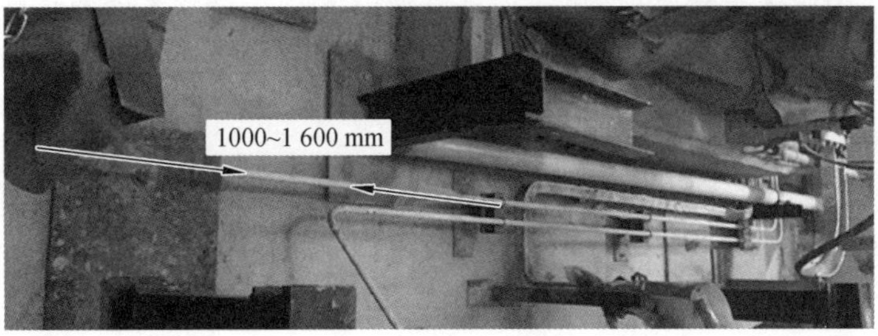

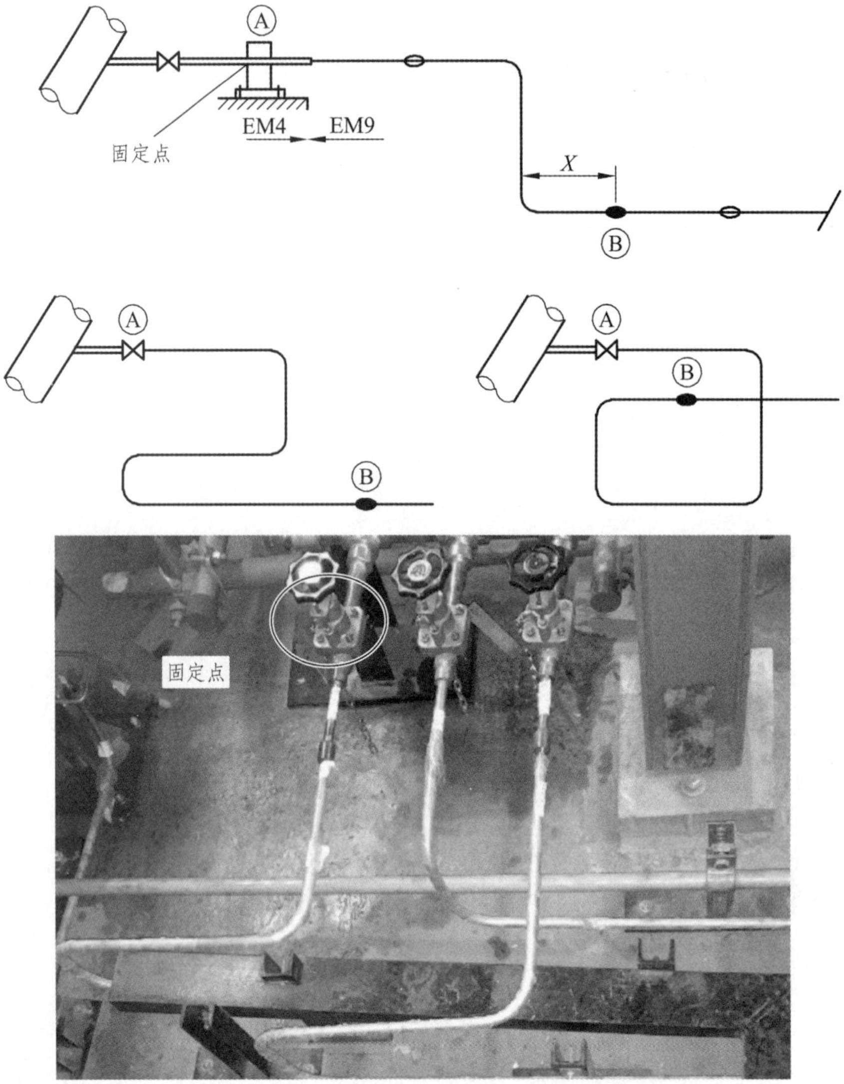

图 6-24　支架与管道支撑点安装示意图

2. 螺纹管接头的一些特殊情况

当点 B 是螺纹连接时，任何长度大于 600 mm 的直管道都应增加管道支撑，如图 6-25 所示。

注意：当传感器连接至毛细管时（通常是温度开关），尽管毛细管长度不足 600 mm，也应在毛细管一侧设一个固定点。

3. 仪表管环路的特殊情况

当仪表管道上设计有冷凝环时，图纸上应标有管支架的位置，遵照图纸安装支架数量一直到仪表管的第一个锚固点。

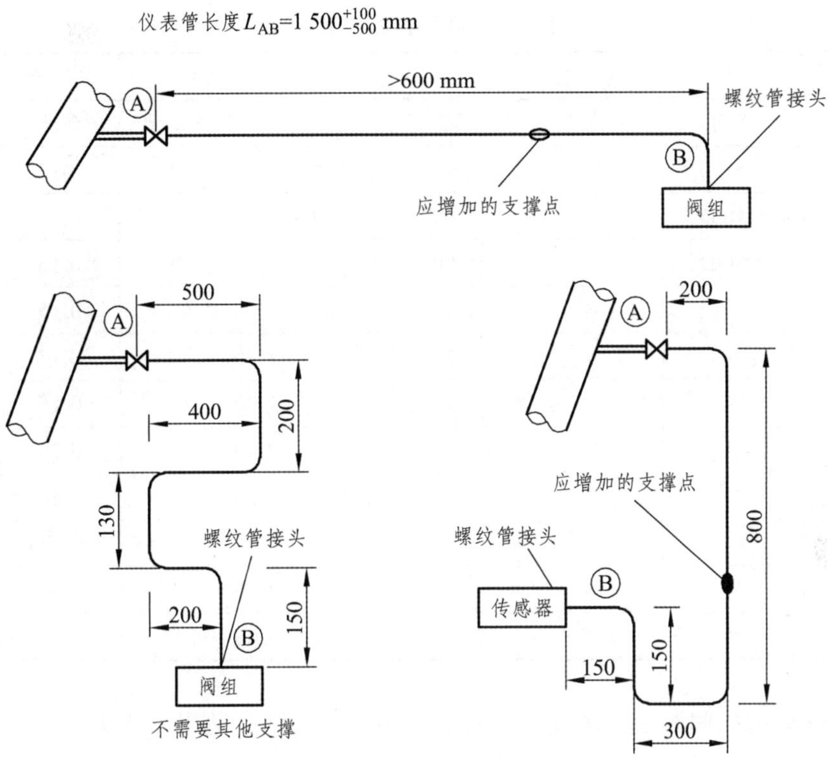

图 6-25 螺纹管接头管道支架安装示意图

4. 供气管线的支架距离

如图 6-26、表 6-6 所示。

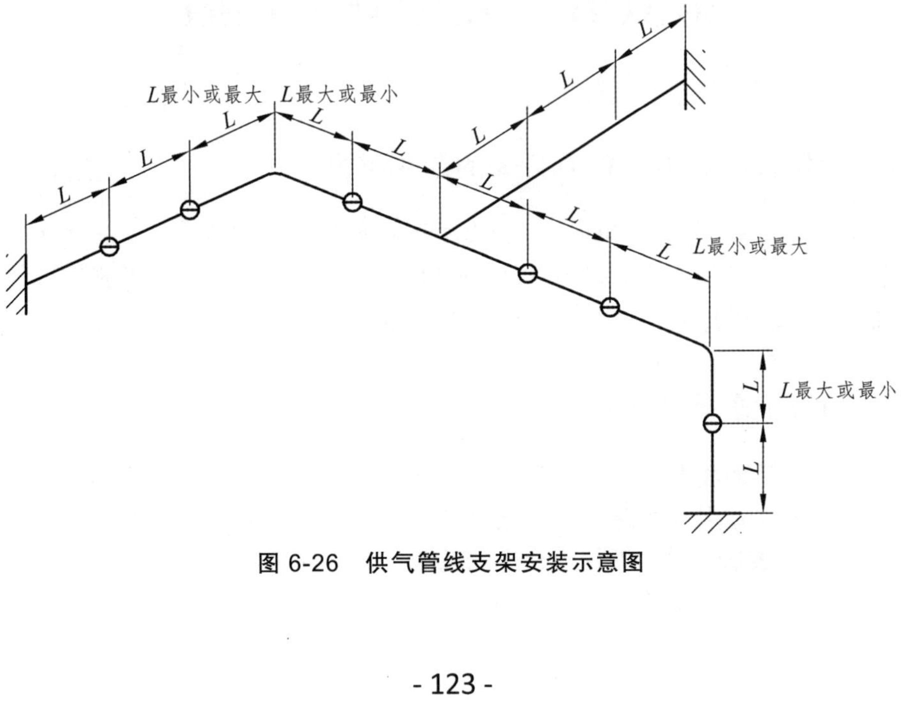

图 6-26 供气管线支架安装示意图

表 6-6 供气管线支架间距

直径	管道特性			最大间距/m		弯头部分间距/m	
	碳钢	不锈钢	铜管	水平直管	垂直直管	最小	最大
6－8－10	6－8－10	6－8－10	×	1.20	1.70	0.15	0.60
1/4OD	1/4OD	×	1/4OD	1.20	1.70	0.15	0.60
3/8OD	3/8OD	×	3/8OD	1.20	1.70	0.15	0.60
1/4″	×	×	1/4″	1.20	1.40	0.15	0.60
1/2″	×	×	1/2″	1.80		0.15	1.05
3/4″	×	×	3/4″	2.00		0.15	1.20
1″	×	×	1″	2.40		0.20	1.40
1″1/4	×	×	1″1/4	2.60		0.20	1.50
1″1/2	×	×	1″1/2	2.80		0. 25	1.60
2″	×	×	2″	3.20		0.30	1.80
2″1/2	×	×	2″1/2	3.60		0.35	2.05

注：这里指的间距是两个支架中心的间距。这些间距适用于弯头的两端，弯曲部分两个支架的间距必须等于 2/3 的最大间距。

第五节　安全安装准则

一、与仪表所在工艺管道有关的通用准则

仪表安装必须遵守如下通用规则：仪表架、传感器、阀门必须尽可能远离非常规辐射水平的区域（一次隔离阀不应安装在红区或橙区）；由于仪表管道为工艺系统机械连续性的组成部分，因此必须遵守适用的机械安装安全准则和法规，尤其是抗振方面的要求。

二、与安全系统运行有关的通用准则

若仪表所提供的数据用于安全系统或保护系统（安全相关测量装置），安装设计必须确保不可预见的事件（如地震、管线破裂、火灾或水淹）不会导致两列安全系统同时失去；由于仪表所提供的数据用于安全系统，其必须满足类似电气系统的序列隔离准则，与机械部分/电气部分接口相兼容。

三、与外部灾害有关的应用准则

1. 地震和热膨胀

仪表管线的机械强度必须能承受三轴向热位移和地震位移。因此，所有安全相关测量装置的仪表管线及其支架都必须进行机械强度计算（考虑工艺的有关要求，该方法可延伸到非安全级测量装置的仪表管线）。

2. 高能（HE）管线破裂

高能（HE）管线指直径大于 25 mm，正常工况下工作压力超过 2×10^6 Pa 或者工作温度超过 100 °C 的工艺管道系统。

为了防护喷射或甩动效应，仪表管线必须距高能管线至少 50 cm。对于甩动效应，必须根据具体情况考虑必要的清洁或防护措施，必须考虑某些管道周围的禁止区域。

传感器和相关支架必须距高能管线至少 3 m。若无法满足该距离要求，应在两者之间安装保护性框架以防止高能管线的甩动。该防护必须与仪表管线所采用的保护一致。

仪表管线可以和其他管道（除高能管道）共用孔洞，但不能和电气电缆共用孔洞。

3. 火　灾

传感器和仪表管线的安装设计必须防止火灾引起的共模失效。

4. 水　淹

将传感器和仪表管线安装在不同的水淹分区或者最高水淹水位之上可防止水淹引起的共模失效。

第六节　仪表安装总则

一、液相系统测量

1. 标准仪表管接头位置

液相系统测量传感器的安装位置通常低于仪表管接头，如图 6-27 所示。

仪表管线朝传感器方向的向下坡度必须为 2% ~ 10%。

2. 冷凝罐的安装

仪表管接口位于液体工艺管道上部；仪表管线朝传感器方向必须有向下坡度；传感器的安装位置尽可能低于仪表管接头，如图 6-28 所示。

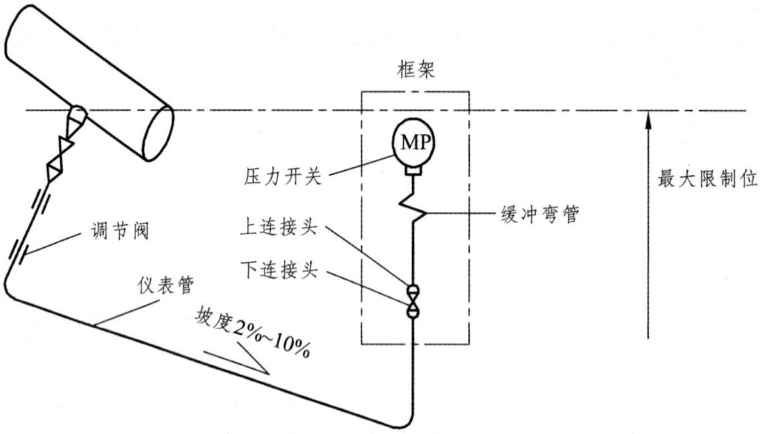

图 6-27　标准仪表管接头位置

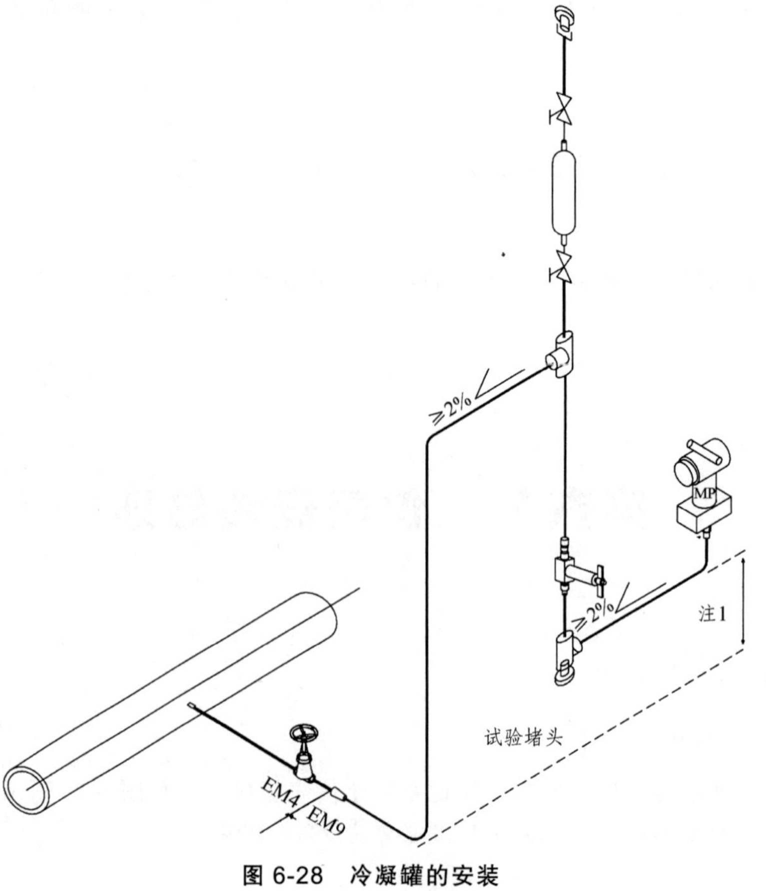

图 6-28　冷凝罐的安装

二、气体、空气或烟气测量装置

1. 标准仪表管接头位置

气体、空气或烟气系统测量传感器的安装位置通常高于仪表管接头位置，如图 6-29 所示。

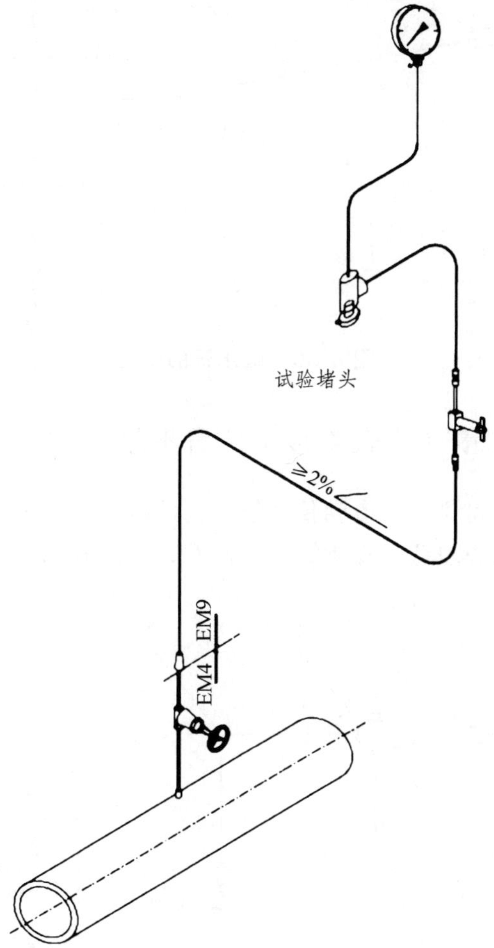

图 6-29 标准仪表管接头位置

仪表管线朝工艺管道方向的向下坡度必须为 2%～10%。

2. 疏水罐的安装

仪表管接头位于气体工艺管道下部；仪表管线朝疏水罐方向必须有向下坡度；传感器的安装位置可高于或低于仪表管接头，如图 6-30 所示。

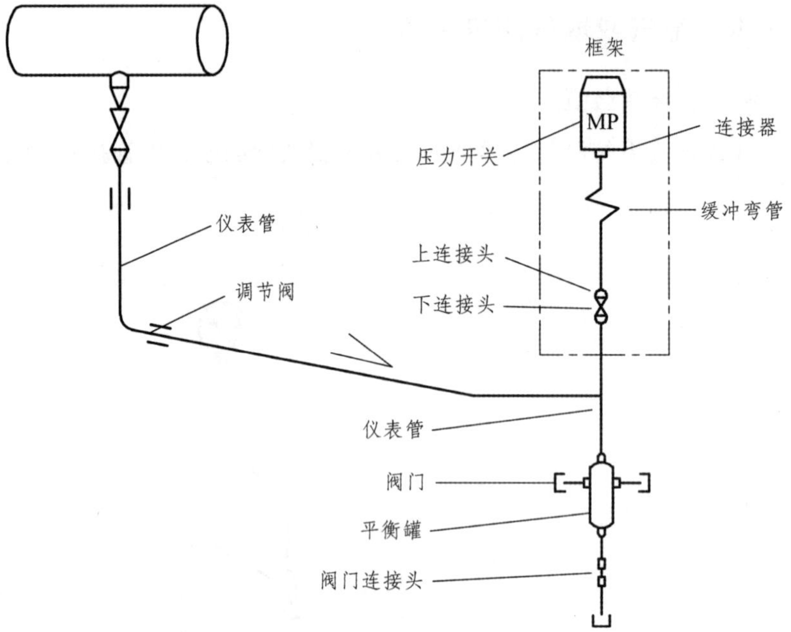

图 6-30 疏水罐的安装

三、蒸汽系统测量（仪表管接头位置不限）

冷凝罐和传感器之间仪表管道朝传感器方向的向下坡度至少大于 2%。传感器的安装位置必须低于冷凝罐和隔离阀，如图 6-31 所示。

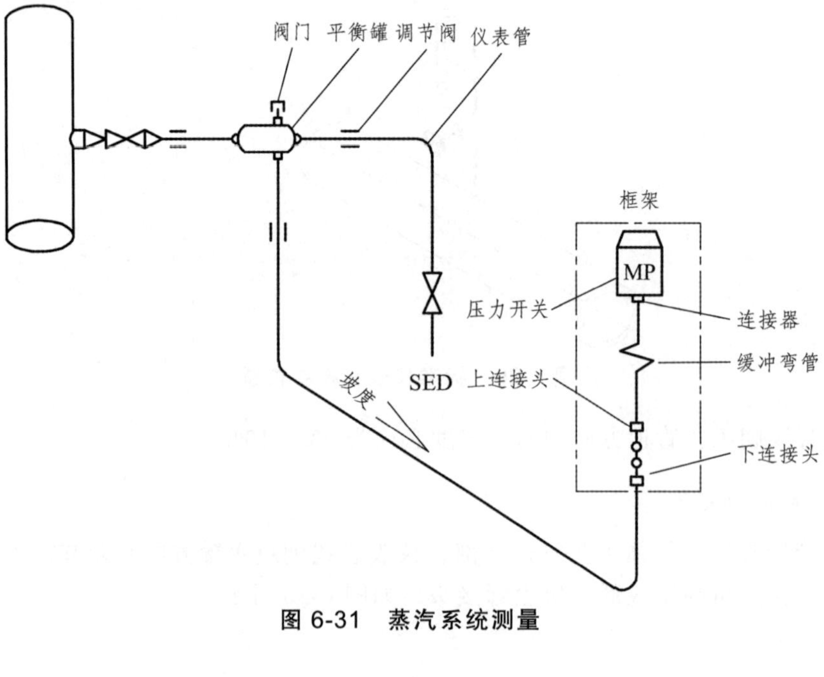

图 6-31 蒸汽系统测量

四、伴热或保温

（1）安装在室外的传感器。

根据环境条件，传感器必须安装在恒温控制的保温箱中。

（2）仪表管道。

必要时仪表管道应进行伴热和保温，一般而言要与工艺管道一致。

用于蒸汽发生器水位测量（窄量程）的 HP 和 LP 柱，必须用密封的保温材料进行隔离。

仪表管线的保温层可作为仪表管的机械保护。

必须采用在安装标准中有规定的保温和/或伴热仪表管线。

安装承包商必须遵守伴热供应商的要求。

为了避免传热，管夹应采用玻璃纤维类隔热材料与仪表管道绝热。

五、仪表管线路径

毛细管管道、液柱、扭力管等不适用这些要求。

（1）仪表管线路径必须尽可能地区别于工艺管线（见图 6-32）。

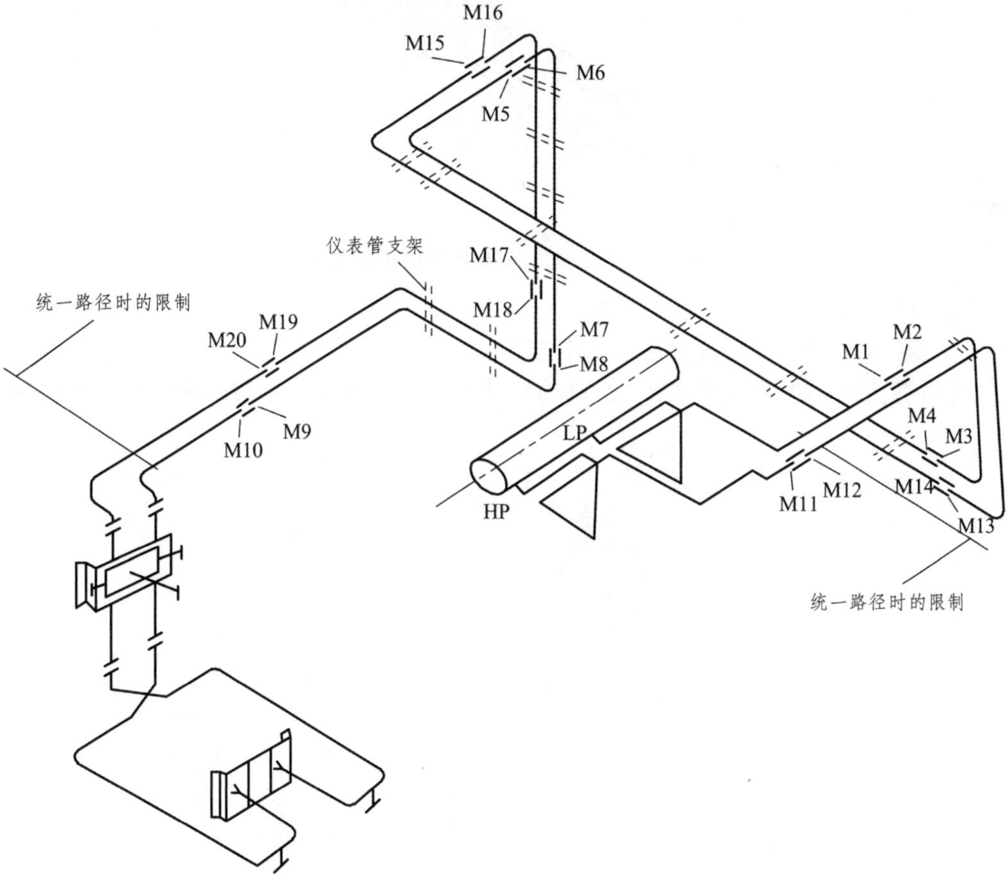

图 6-32 仪表管线路径

（2）成对的管线（如差压测量）必须并行布置。两个管线的最大直线轴距必须为① 6 cm，对于管道 $\phi = 3/8''$OD；② 15 cm，对于其他尺寸管道。

本准则仅适用于直管段，不适用于到隔离阀或歧管的引入管。

（3）REN 采购包的管线路径调整。

① 允许的长度公差为 ± 20 mm；

② 允许的角度公差为 ± 5°；

③ 建议的两条交叉管线最小距离：

a. 1 倍管径；

b. 在特殊情况下，距离可以减为 2 mm。

六、压力和温度传感器的毛细管路径

为防止挤压，毛细管必须采用机械保护（见图 6-33）。

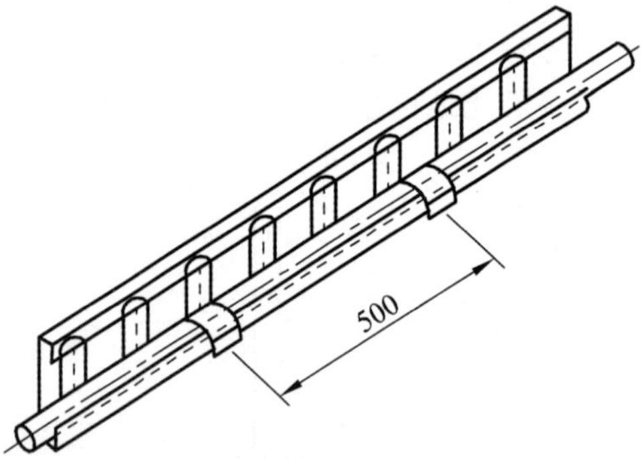

图 6-33　压力和温度传感器的毛细管路径

这些保护装置也可用作支撑系统。

这些要求不适用于覆盖保温层的毛细管。

毛细管两端必须卷成直径在 $2RC$（弯曲半径）和 300 mm 之间的环状（见图 6-34）。

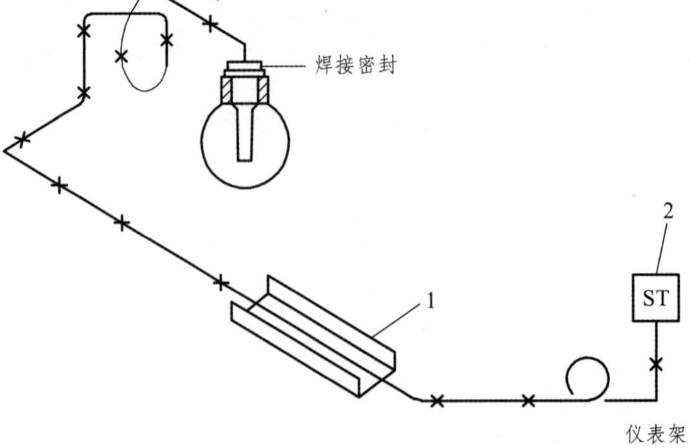

图 6-34　压力和温度传感器的毛细管路径

七、贯穿墙洞的路径

贯穿孔洞的表管道在冷态时必须考虑设备上的仪表管接头因热位移或地震位移而可能产生的位移（事故工况下）。

必须考虑 2%的最小坡度。

如果管道沿墙布置，墙洞两侧的锚固件必须尽可能满足这个要求：$F = 400^{+0}_{-100}$ mm。

如果无法满足 300 mm 的最小距离要求，应符合在混凝土结构边缘附近锚固时距离边缘的最小距离要求。如图 6-35 所示。

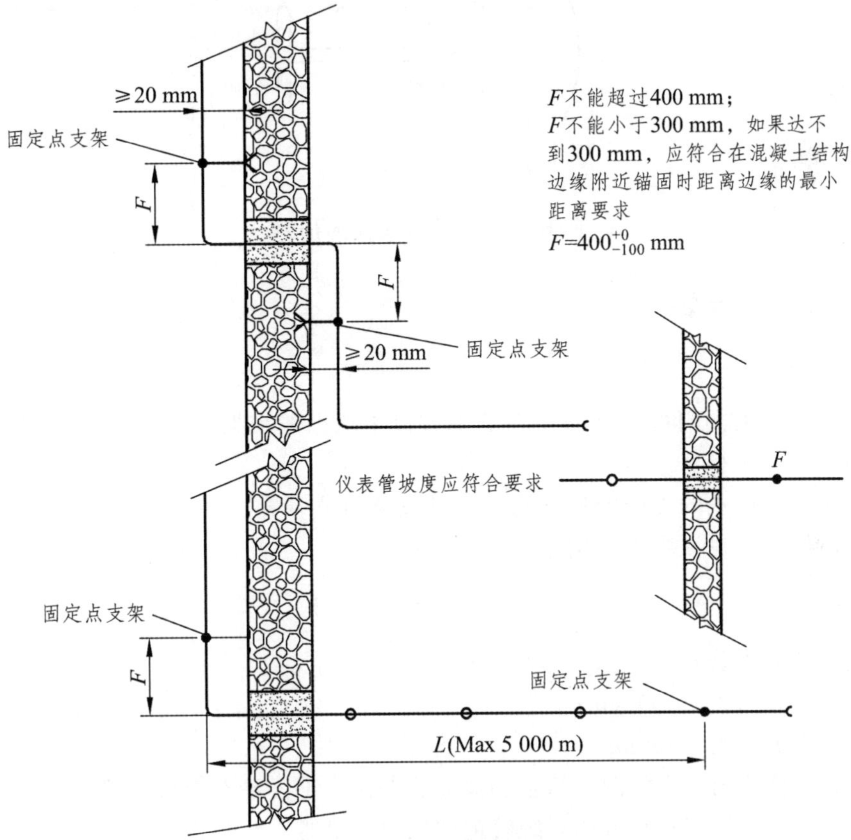

图 6-35 贯穿墙洞的路径

八、一次隔离阀的排列

隔离阀阀体穿过 S 形管道时必须进行排线，以便阀杆轴保持水平，误差在 ± 5°，如图 6-36 所示。

金属隔膜阀和直通阀无此要求。

一次隔离阀必须尽可能靠近其管接头，但受污染区出口的一次隔离阀例外。

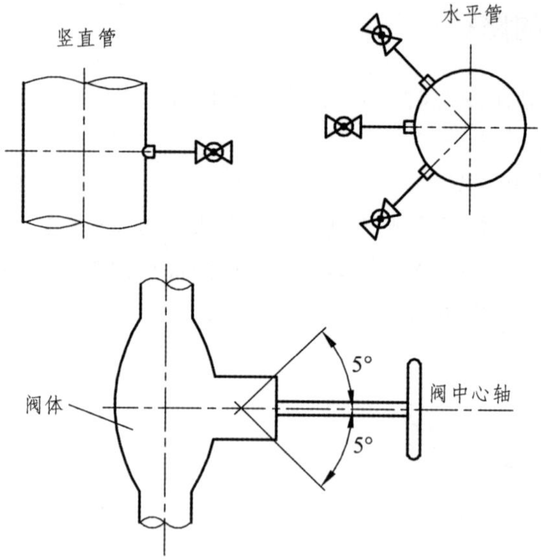

图 6-36　一次隔离阀的排列

九、传感器安装

1. 支　架

传感器和相关阀门可分别固定在墙上或位于地面的支架上，也可一起固定在仪表架上，但必须易于检修。

固定在钢结构上的支架容易摆动，必须安装阻尼装置。

支架最好安装在混凝土结构上。

2. 公　差

仪表安装通用公差：

（1）水平方向为 ± 500 mm；

（2）垂直方向为 ± 50 mm；

（3）公差值适用于安装图中给出的尺寸，条件为①公差不能与保护组传感器的隔离准则相冲突；②管接到水平流体系统管道的压力传感器不得安装在高于其凸台的位置。

十、禁止安装仪表的区域

1. 传感器

传感器不得安装于

（1）门后（除非安装有制门器）；

（2）两房间之间；

（3）易振动的建筑物上（格子、栏杆、扶手等）；

（4）水淹区；

（5）易受强辐射照射的禁止区（红区）和限制停留区（橙区），但在线传感器除外；
（6）高温区域；
（7）反应堆安全壳衬之上。

2. 管　道

管道不得安装于
（1）装有门的通道；
（2）门后（除非安装有制门器）；
（3）搬运区（除非装有机械保护装置）；
（4）格栅上；
（5）工艺管道系统或其支架上；
（6）距离覆盖有保温层设备的 60 mm 范围内；
（7）距离覆盖有保温层管道的 30 mm 范围内；
（8）距离有防火保护的电缆托盘的 20 mm 范围内；

注意：如果仪表管线布置在地面标高的出口角或过道中，必须采用涂斑马黄/黑色的坚固机械装置进行保护。

十一、机械连接

压力测量仪表管线与泵吸入口的连接必须采用卷曲管接头，且尽可能靠近一次隔离阀，以便移除过滤器时不会损坏仪表接头管线。

仪表管线与设备的连接必须采用阳螺纹或阴螺纹型接头。

在其他情况下，仪表管线连接必须采用密封焊接。

第七节　其他类型测量装置的安装原则

一、压力探测器

压力接头必须位于无湍流点（距弯头下游 5*D* 距离，距阀门下游 10*D* 距离，距任意间断处上游 2*D* 距离）；接头轴线必须与管道轴线垂直。若大管径的管道无法满足此准则（直管段不足），可对其进行调整。

对于在垂直平面有弯头的工艺管道，接头轴线必须水平布置并垂直于管道轴线。

对于在水平面有弯头的工艺管道，接头轴线必须垂直布置并垂直于管道轴线。

压力管接头的凸台位置如图 6-37 所示。

注：只有在无法接近推荐取样区时才使用非推荐区域。

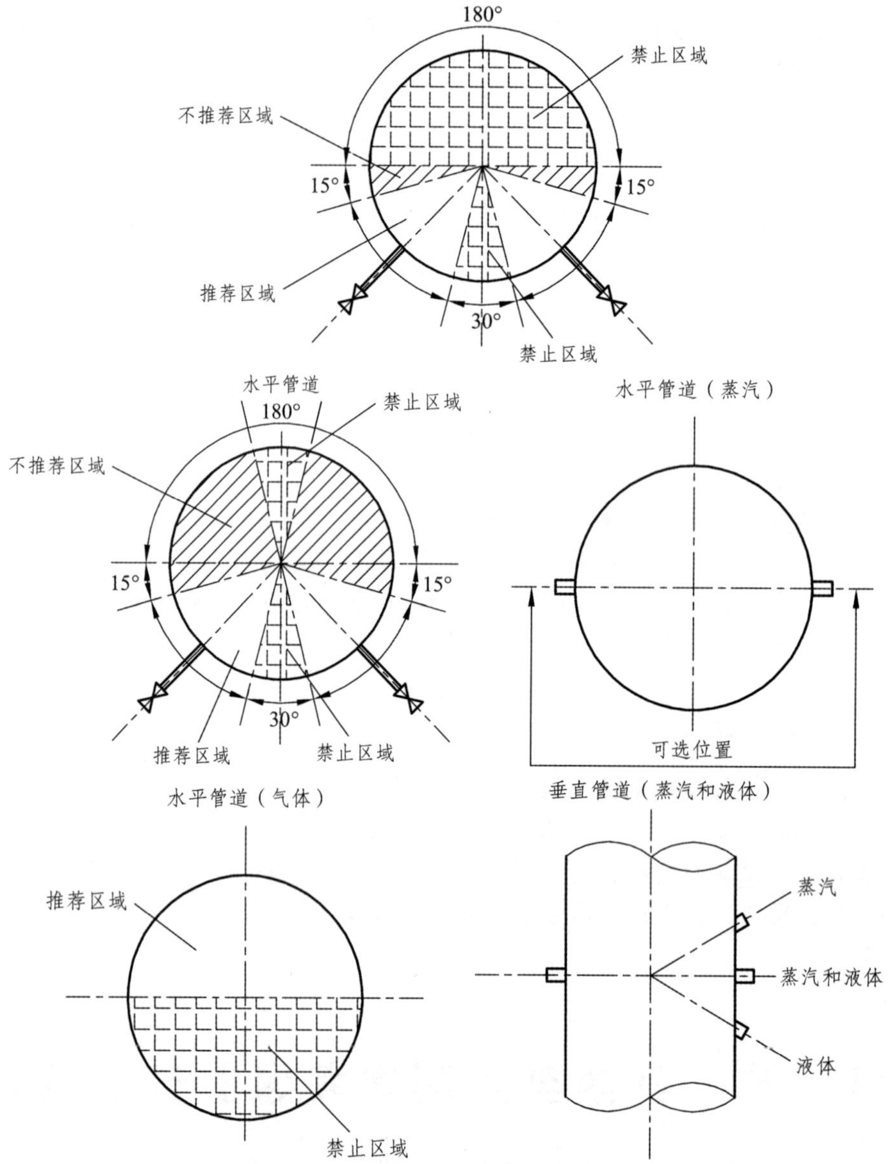

图 6-37　静压测量

二、液位检测器

1. 差压式液位测量

变送器的安装位置必须低于其所连接箱体的底部管接头，并在仪表的漂移范围内。

不管采用何种安装方式（有或者没有基准罐），变送器的高压侧必须与箱体的底部管接头连接，如图 6-38 所示。

对于采用基准罐的液位测量，水柱必须与变送器的低压侧连接，并通过调节变送器的零点来消除水柱压力的影响。

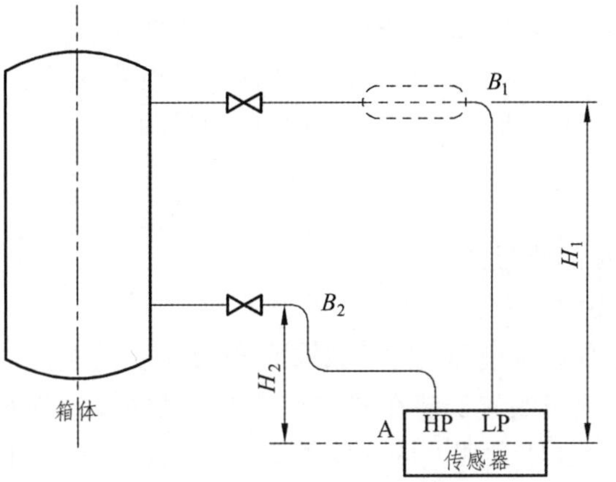

图 6-38　差压式液位测量

2. 浮子式液位测量

配有推杆式浮子的变送器必须垂直安装，以保证浮子的正常动作。

当浮子式液位变送器安装在箱体顶部、靠墙（用于水淹检测）或者坑内时，浮杆或电缆必须使用静止套管加以防护，如图 6-39 所示。

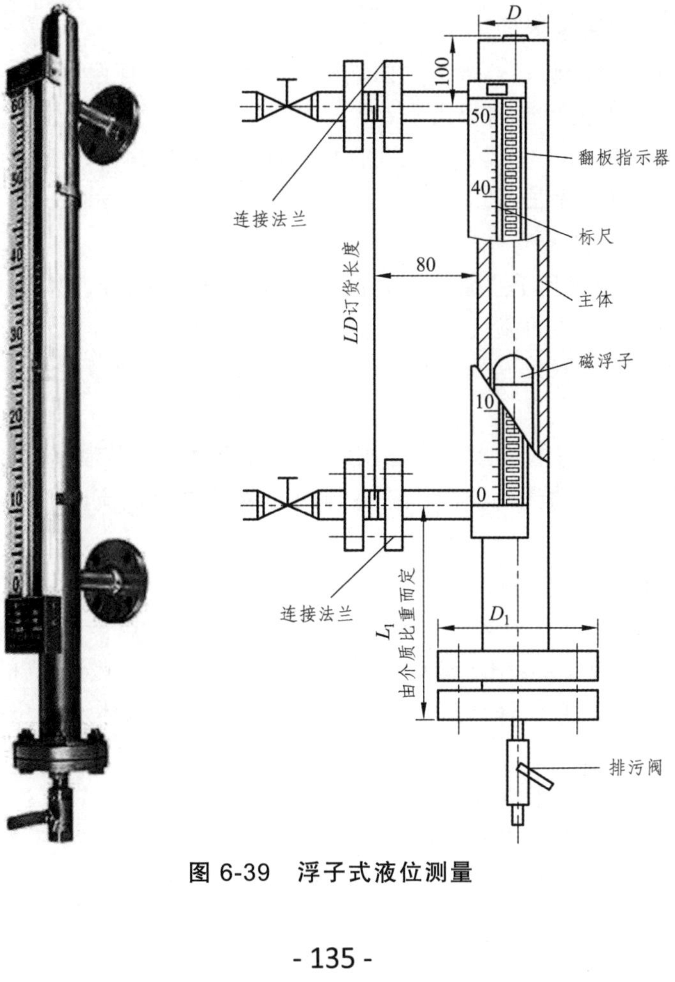

图 6-39　浮子式液位测量

浮子液位开关的安装高度取决于液位控制的水平液位。

对其他类型的液位变送器（活塞式、扩散硅式、电容式等）无特殊要求。

在数据表中对相应变送器的特殊要求进行详细说明。

3. 流量计

（1）采用节流孔板的流量测量。

节流孔板上管接头的取向：

① 必须采用与过程管道上压力接头相同的管接头。

② 若两组差压式测量装置安装在同一水平工艺管道上，则对于液体管道，两个管接头都必须朝下；对于气体管道，两个管接头都必须朝上；对于蒸汽管道，两个管接头必须安装在管道的水平中轴线上，互呈 180°。

③ 若两组差压式测量装置安装在同一垂直工艺管道上，两个管接头必须互呈 90°，无推荐安装区域。

④ 差压测量的高压侧和低压侧管接头都必须位于法兰的同侧。

⑤ 用于试验测量（YD）的第三个管接头必须与其中一个工艺测量管接口呈 90°（在非推荐区域）。

采用节流孔板的流量测量：

① 为了保证测量准确，孔板法兰两端的工艺管道必须有直管段。直管段的长度取决于节流孔板直径/工艺管道内径比（d/D）。

② 必须根据 NF 10-102 或 ASME PT 19.5 或 GB/T 2624 中对最短直管段长度的规定确定测量所需的直管段长度。

③ 孔板必须尽可能地安装在水平管道上。

④ 若孔板只能安装到垂直管道上，液体最好是向上流动，气体最好是向下流动。

（2）采用电磁流量计的流量测量。

上游直管段长度必须为 $5D$ 至 $10D$，下游直管段长度必须为 $3D$，具体要求以设备厂家要求为准。

流量计必须安装在带载的水平管道或垂直上流管道上（若制造商要求）。通常，流量计上有箭头表示流体的流动方向，流量计的安装必须保证流体的流动方向与箭头方向一致。

（3）采用文丘里管的流量测量。

与孔板法兰一样，文丘里管的上游和下游都必须有直管段。必须根据 NF 10-102 或 ASME PT 19.5 或 GB/T 2624 中对最短直管段长度的规定确定测量所需的直管段长度。

与工艺管道的连接必须保证从最宽的文丘里锥体吸入液体。文丘里管可以安装在水平或垂直的工艺管道上。

（4）采用变送器的流量测量。

变送器可以安装在垂直工艺管道的任何位置。

水平工艺管道：

① 对于液体管道，变送器必须安装在管道轴线以下 15°～90°；

② 对于气体管道，变送器必须安装在管道轴线以上 15°～90°；

③ 对于蒸汽管道，变送器必须水平安装；

④ 建议的变送器上游直管段长度为 7*D* 至 24*D*，下游直管段长度为 3*D* 至 5*D*，这取决于变送器上游是否存在障碍物。

（5）采用流量开关的流量测量。

传感器可以安装在水平管道的下方或垂直上流管道上。

（6）采用转子流量计的流量测量。

传感器必须安装在垂直上流管道上，因此必须调整管线路径。

4. 温度测量仪表

（1）温度接头的取向。

水平管道，如图 6-40 所示。

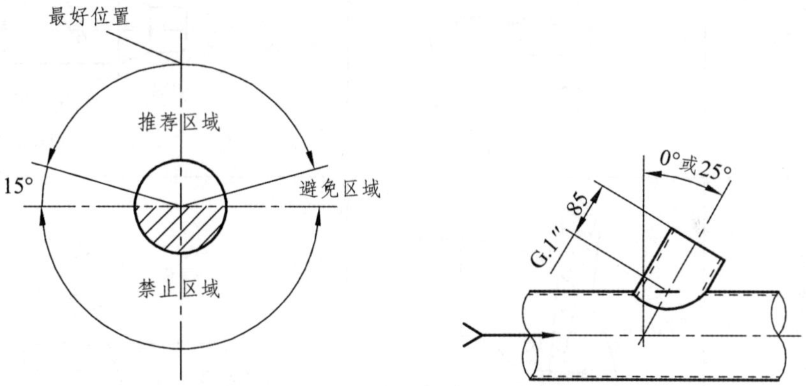

图 6-40 水平管道温度接头的取向

垂直管道，如图 6-41 所示。

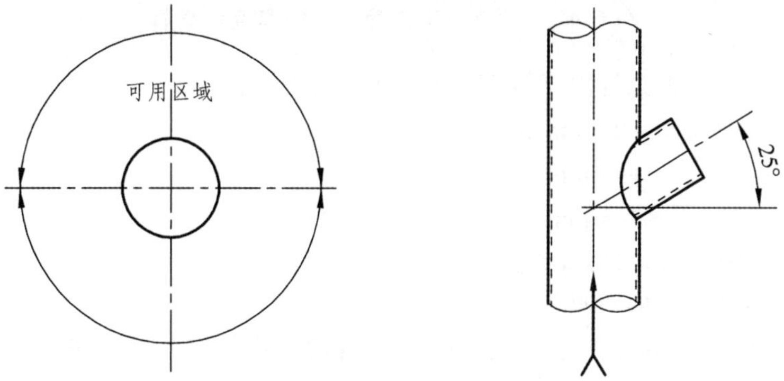

图 6-41 垂直管道温度接头的取向

在某些场合，为改善测温探头周围的温度传播，温度计套管内部可能充满液体。此时，温度计套管必须保证探头朝上。

（2）安装在工艺管道上的温度计套管，如图 6-42 所示。

公称直径（NPS）≤3″且>1″	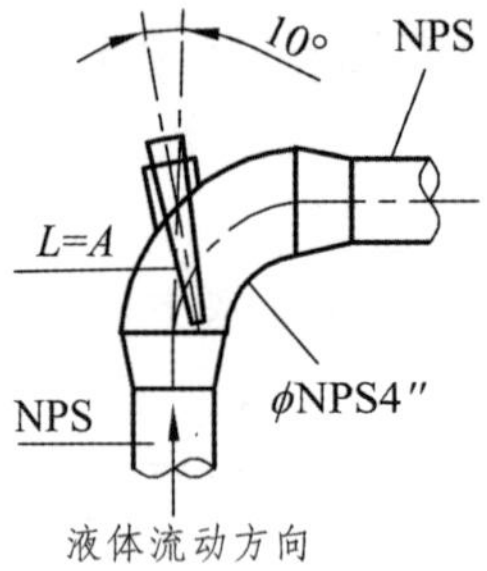	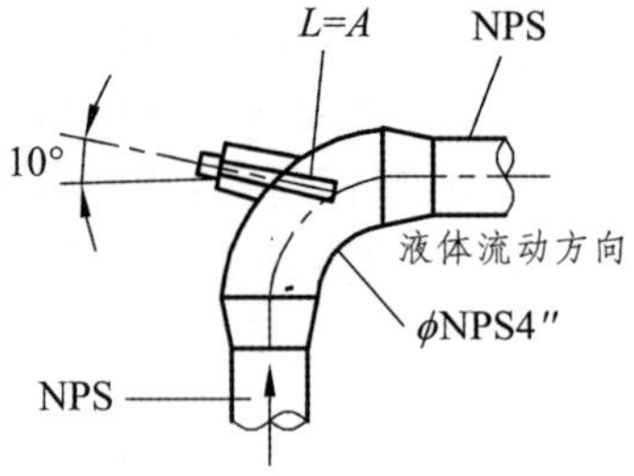
公称直径（NPS）≤3″且>1″	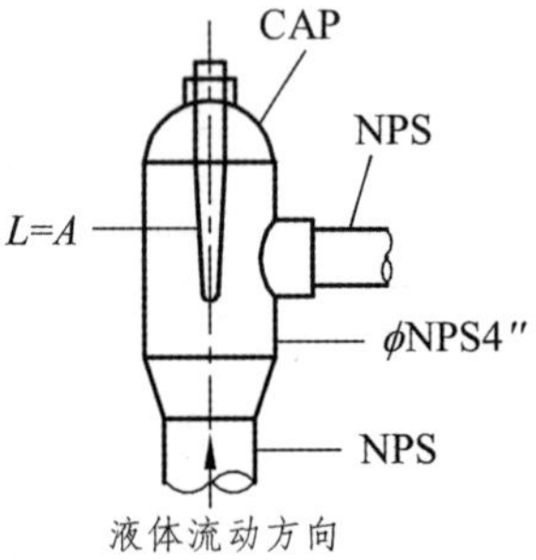	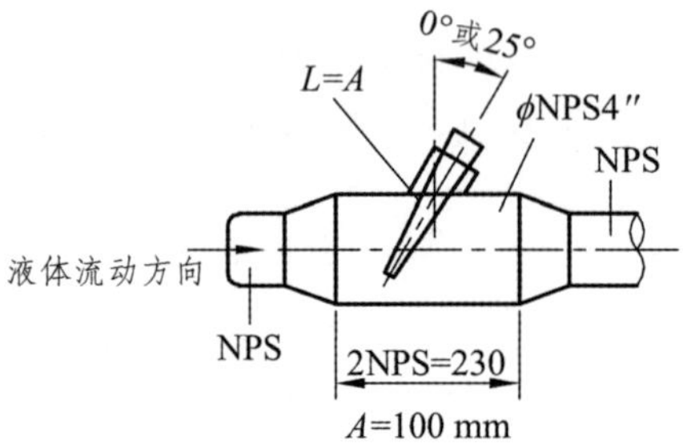
公称直径（NPS）≤4″	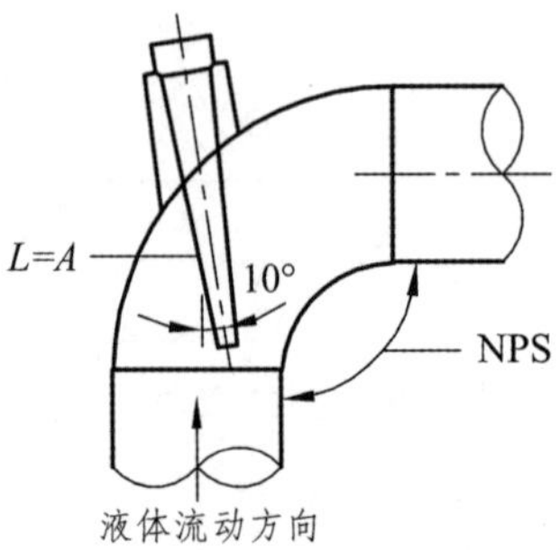	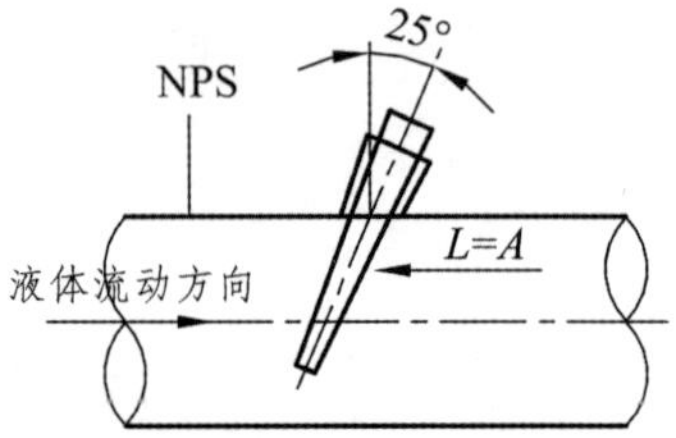

图 6-42　安装在工艺管道上的温度计套管

此种情况下的最大允许温度计套管长度如下（见图 6-43）：

（1）NPS = 4″ – A = 100 mm；

（2）NPS = 6″ – A = 155 mm；

（3）NPS = 8″ – A = 215 mm；

（4）NPS = 10″ – A = 315 mm。

注：大小头可以为偏心型。

选择安装长度为 100、155、215 或 315 mm 的温度计套管取决于工艺管道直径。

（3）用于恒温控制的温度计套管安装。

安装在红区和橙区房间内的温度计必须配有毛细管。

温度计套管的长度取决于测量球的长度，测量球的长度取决于毛细管的长度。在这种情况下，需要延长工艺管道以安装温度计套管。工艺管道的延长根据不同的情况确定。

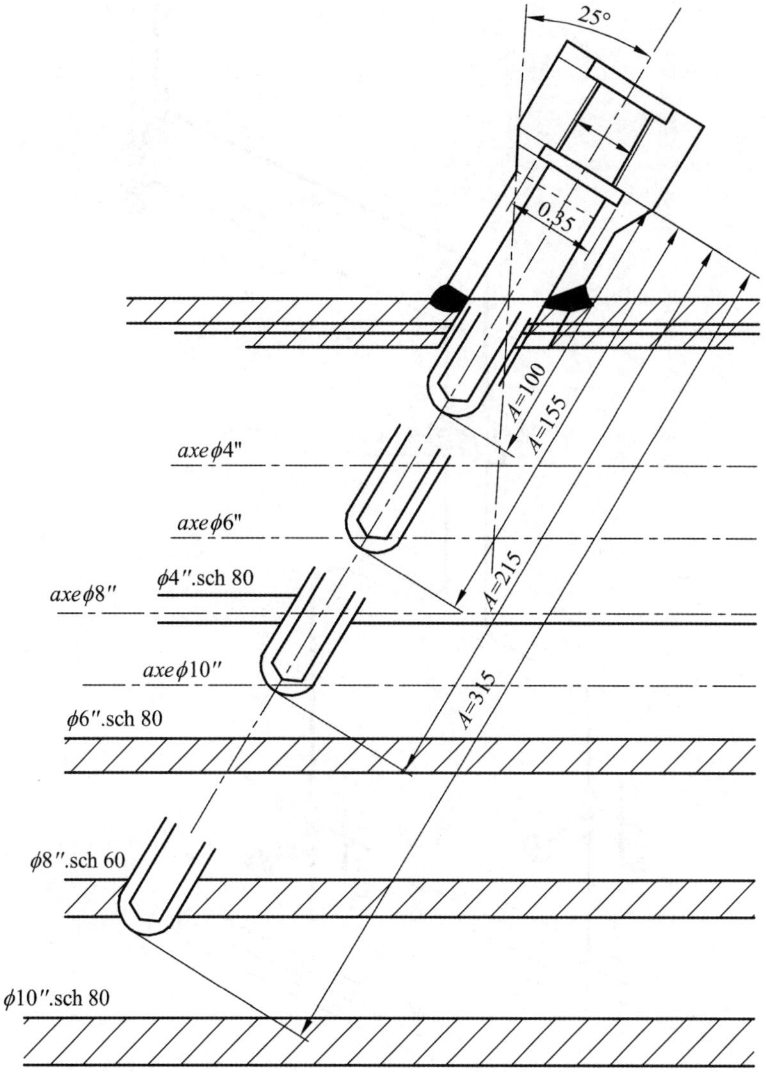

图 6-43　安装在工艺管道上的温度计套管

5. 典型安装图

（1）气体差压测量：流体通过节流装置处，流束将形成局部收缩，使部分压能转化为动能，使流速增加，静压降低，在节流装置前后产生压差，流量越大，压差也越大，反之，越小。通过测量压差的大小，就可间接地计算气体流量（见图 6-44）。

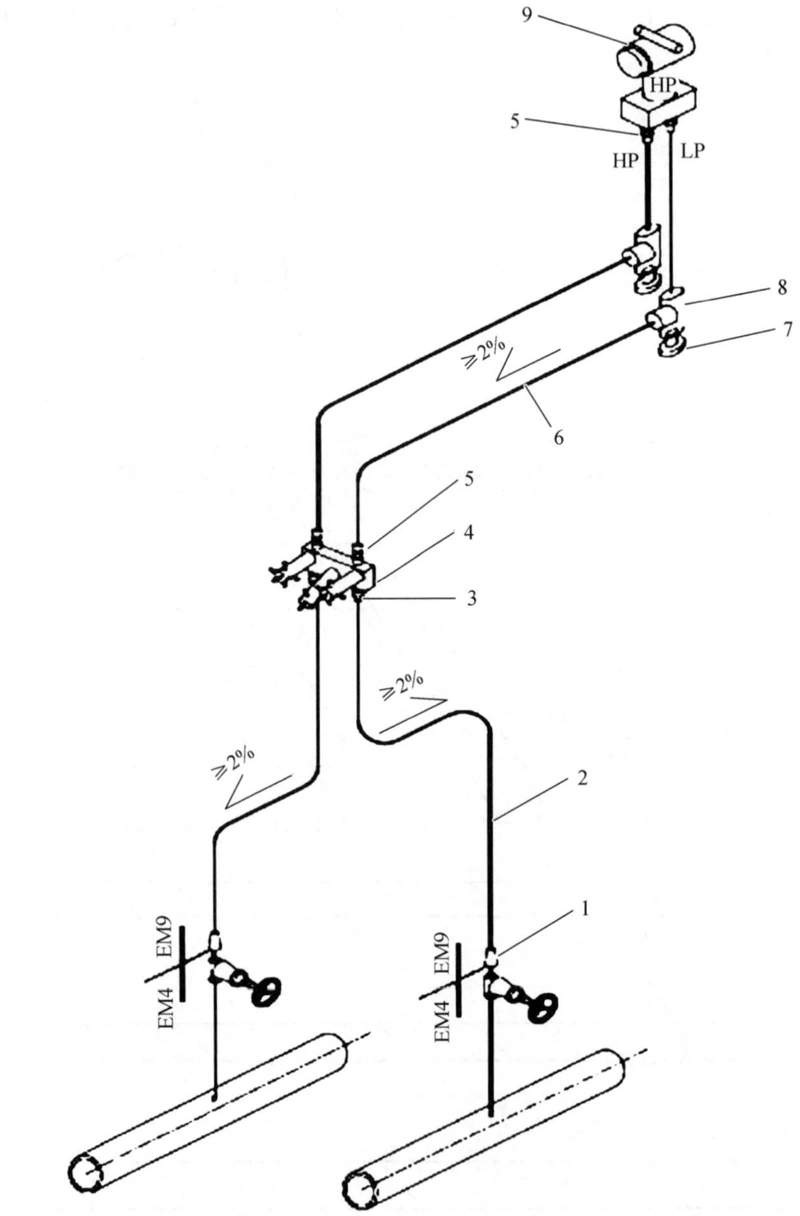

1，3，5—连接器；2，6—引压管；4—三阀组；7—三通；8—试验堵头；9—差压变送器；
HP—高压侧；LP—低压侧；EM4—管道安装部分；EM9—仪表安装部分。

图 6-44　气体差压测量

（2）液体差压测量：来自双侧引压管的差压直接作用于变送器传感器双侧隔离膜片上，通过膜片内的密封液传导至测量元件上，测量元件将测得的差压信号转换为与之对应的电信号传递给转换器，经过放大等处理变为标准电信号输出（见图 6-45）。

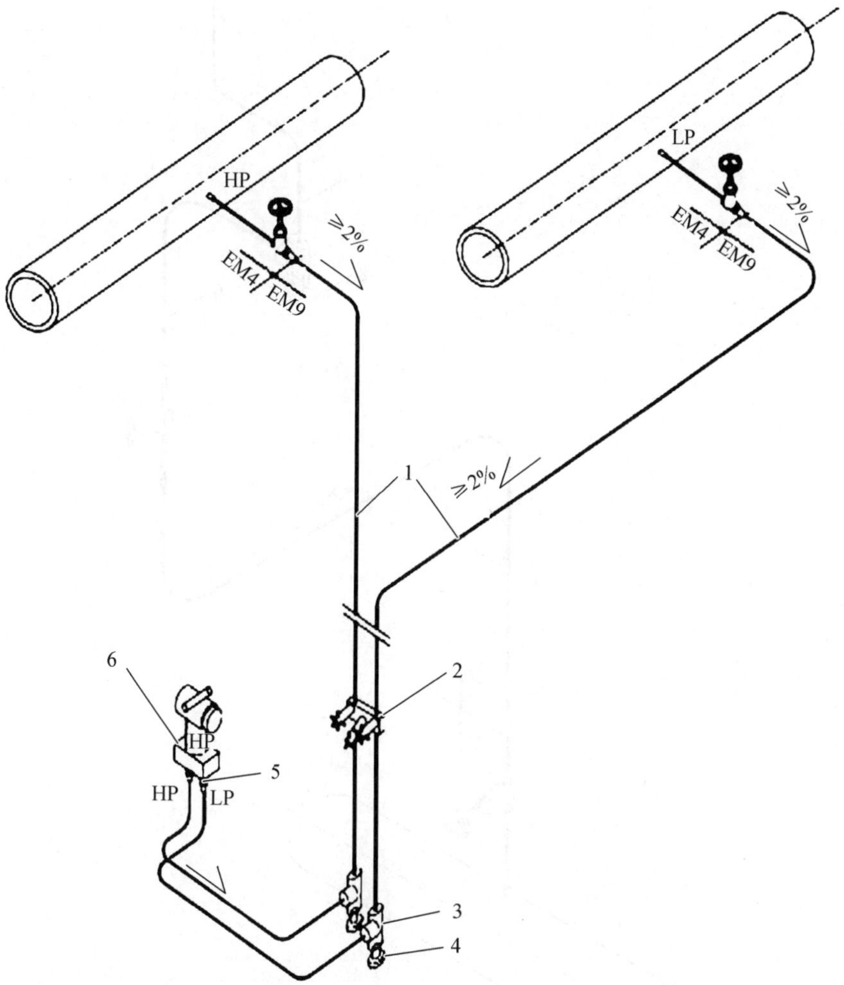

1—引压管；2—三阀组；3—三通；4—试验堵头；5—连接器；6—引压管；HP—高压侧；LP—低压侧；EM4—管道安装部分；EM9—仪表安装部分。

图 6-45　液体差压测量

（3）气体压力测量：将测量气体绝对压强进行转换，可用于血压、风压、管道气体等方面的压力测量。它的性能稳定可靠，主要适用于与气体压强相关的物理实验，如气体定律等，也可以在生物和化学实验中测量干燥、无腐蚀性的气体压强（见图 6-46）。

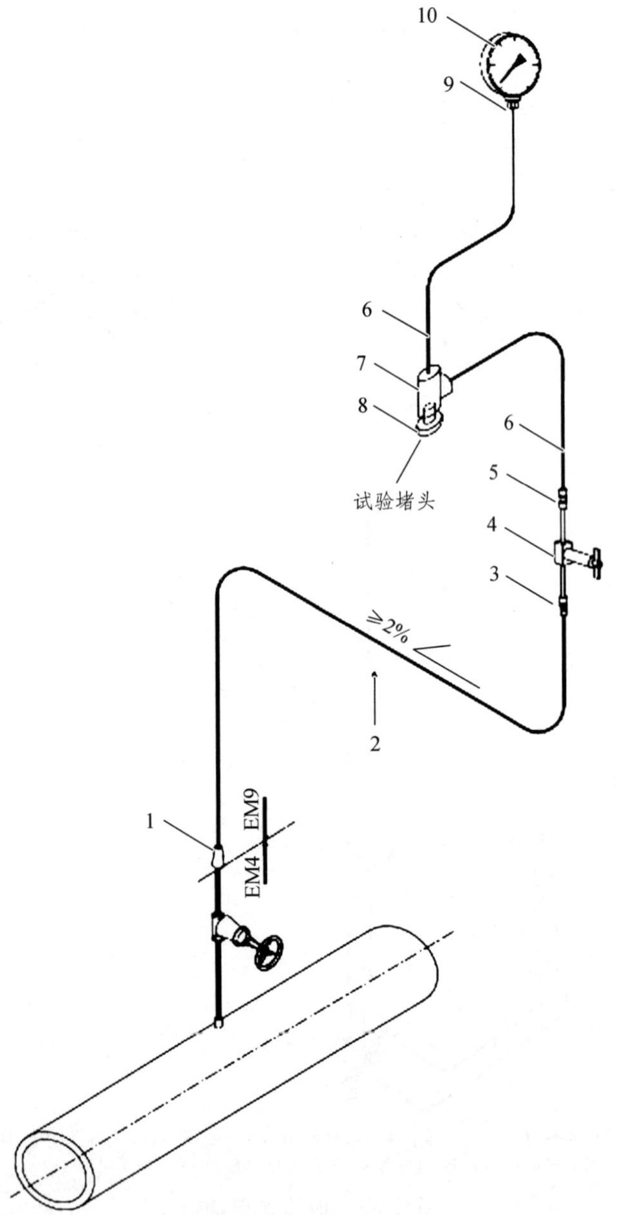

1，9—连接器；2，6—引压管；3，5—卡套；4—阀门；7—三通；8—试验堵头；10—压力表；
HP—高压侧；LP—低压侧；EM4—管道安装部分；EM9—仪表安装部分。

图 6-46　气体压力测量

（4）液体、蒸汽压力测量：通常温度下（距离临界温度较远时），纯液体与其蒸汽达平衡时的蒸汽压称为该温度下液体的饱和蒸汽压，简称为蒸汽压。液体的蒸汽压随温度而变化，温度升高时，蒸汽压增大；温度降低时，蒸汽压降低，这主要与分子的动能有关（见图 6-47）。

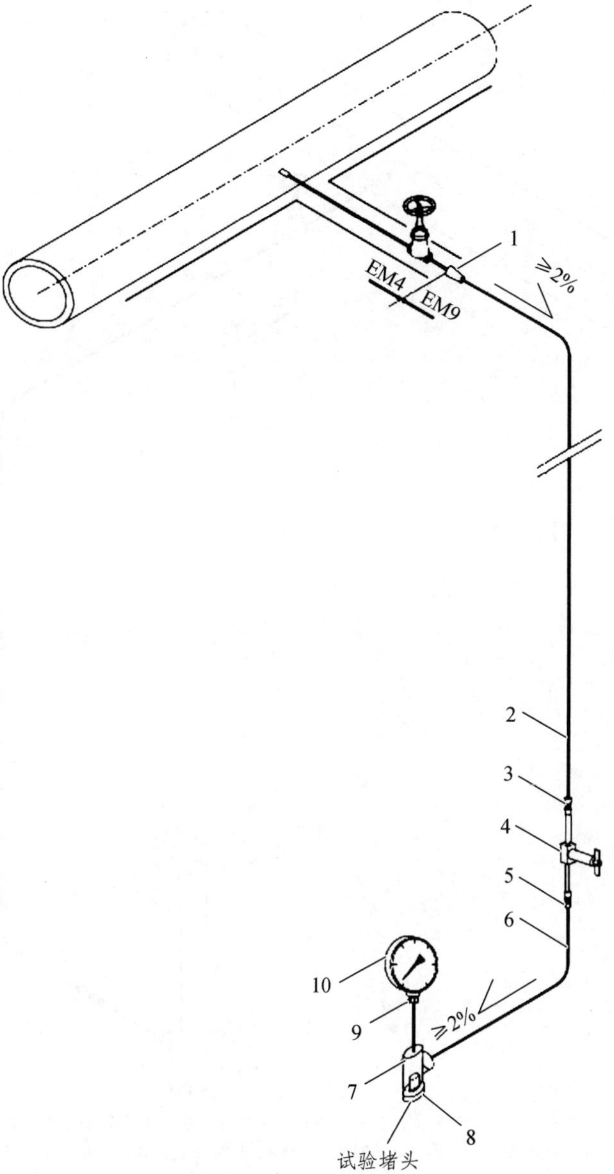

1，9—连接器；3，5—卡套；2，6—引压管；4—阀门；7—三通；8—试验堵头；10—压力表；
HP—高压侧；LP—低压侧；EM4—管道安装部分；EM9—仪表安装部分。

图 6-47　液体、蒸汽压力测量

（5）液体、蒸汽压力测量（压力开关）：通过控制调节上限压力指针螺丝，参照标尺数，设定停止工作压力，当到达这个压力值时，压力开关断开从而返回信号给控制器停止加热。通过调节压力差针螺丝可以调节压差，即上限压力 - 压差 = 下限压力（启动压力），这样就可以设置出加热启动的蒸汽压力（见图 6-48）。

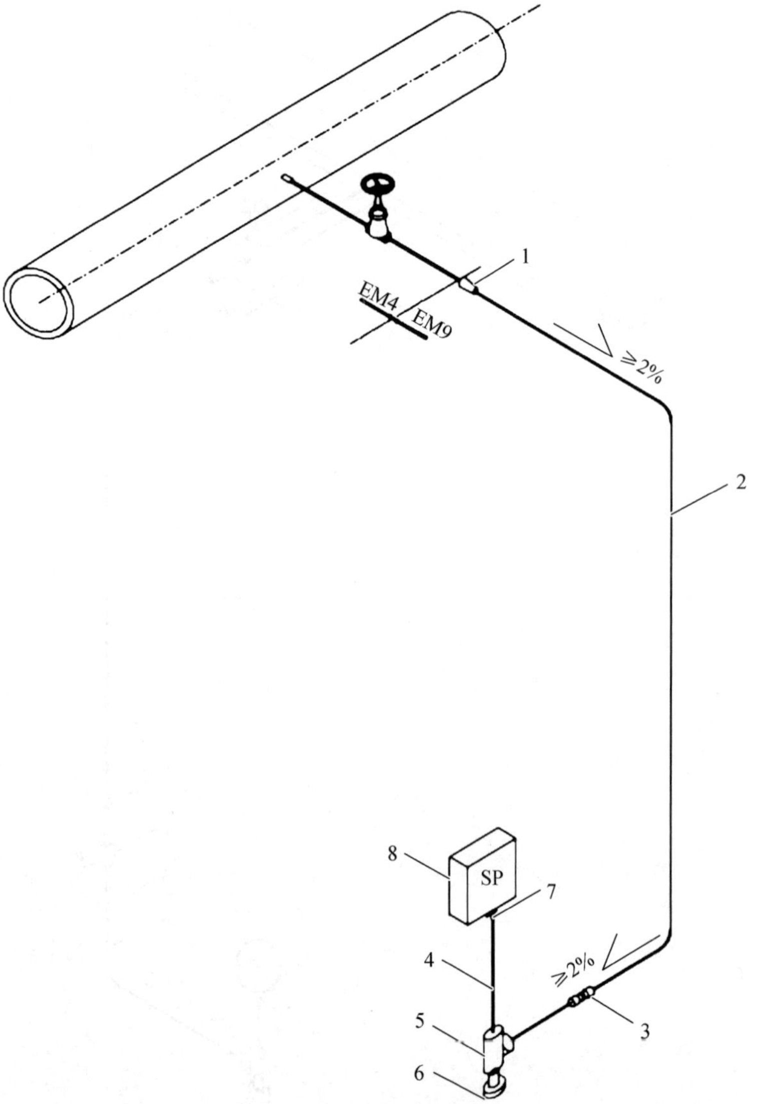

1，7—连接器；2，4—引压管；3—卡套；5—三通；6—试验堵头；8—压力开关；
HP—高压侧；LP—低压侧；EM4—管道安装部分；EM9—仪表安装部分。

图 6-48　液体、蒸汽压力测量（压力开关）

（6）气体压力测量（压力开关）：一种气体压力开关，涉及流体监测设备技术领域，所解决的是降低成本及提高可靠性的技术问题。该开关包括底座，及固定在底座上的基体、膜片。底座上有一个向上开放的气室，并且在底座上开设有连通气室的进气口、排气口。膜片封盖住气室的上端开口。基体上固定有上下各一个静触片，并且在基体上设有一个能上下浮动的压板。压板抵住膜片的上表面，压板上固定有一个动触片，该动触片能随压板下沉至与下侧的静触片形成电气接触，并能随压板上浮至与上侧的静触片形成电气接触（见图 6-49）。

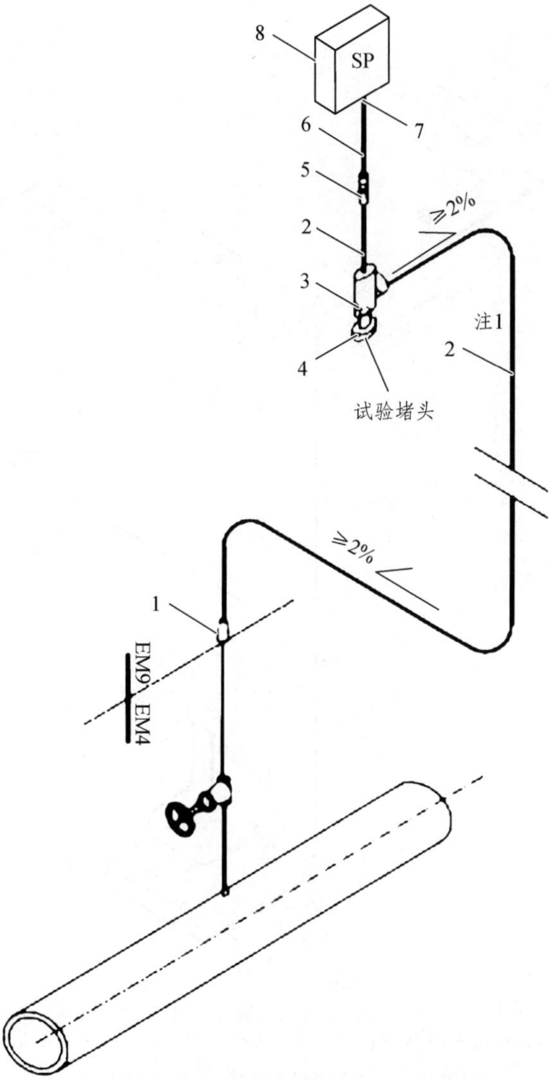

1，7—连接器；2，6—引压管；5—卡套；3—三通；4—试验堵头；8—压力开关；
HP—高压侧；LP—低压侧；EM4—管道安装部分；EM9—仪表安装部分。

图 6-49　气体压力测量（压力开关）

（7）液体差压测量（压力开关）：压力开关用于测量流经管道的液体（水及氟化处理的制冷剂）或空气的压力状态，其典型应用是显示压力与控制压力（见图 6-50）。

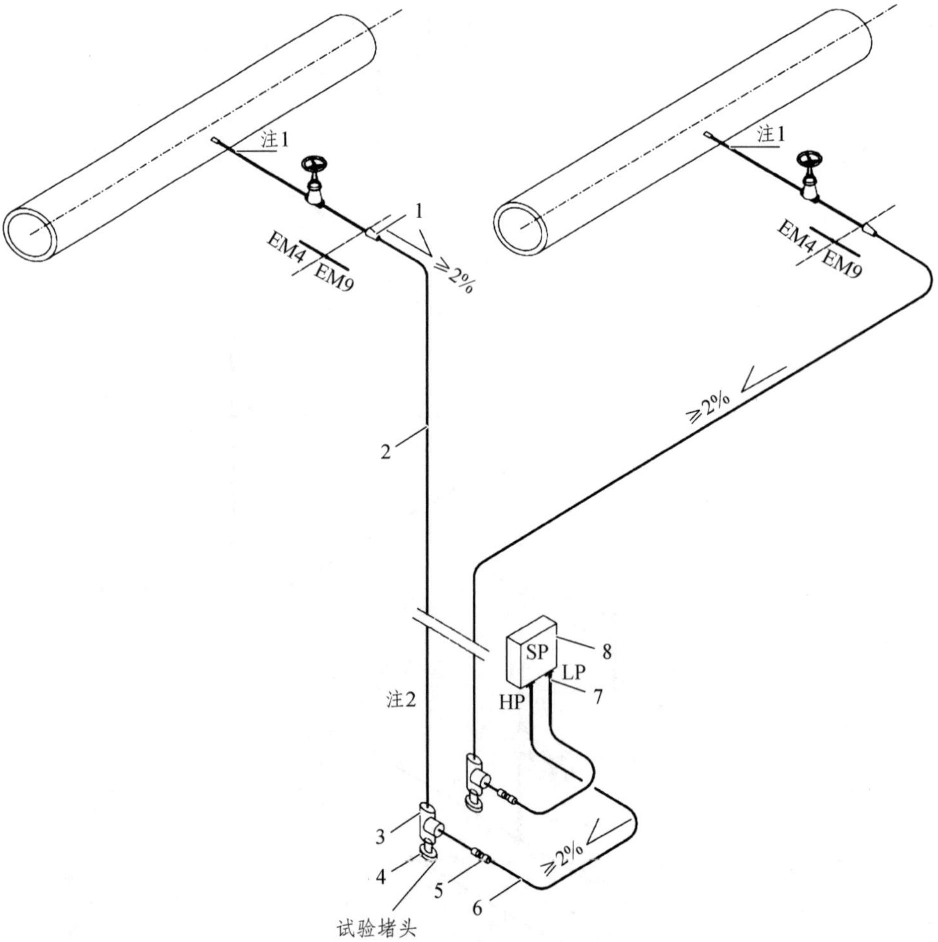

1，7—连接器；2，6—引压管；3—三通；4—试验堵头，阀门；5—卡套；8—压差式压力开关；HP—高压侧；LP—低压侧；EM4—管道安装部分；EM9—仪表安装部分。

图 6-50 液体差压测量（压力开关）

（8）气体流量测量（变送器）：一种记录流过的气体总量的仪表，用于冶金、煤炭、化工、建筑、食品、轻纺等国民经济的各个领域，是发展工农业生产、节约能源、改进产品质量、提高经济效益和管理水平的重要工具，在国民经济中占有重要的地位（见图 6-51）。

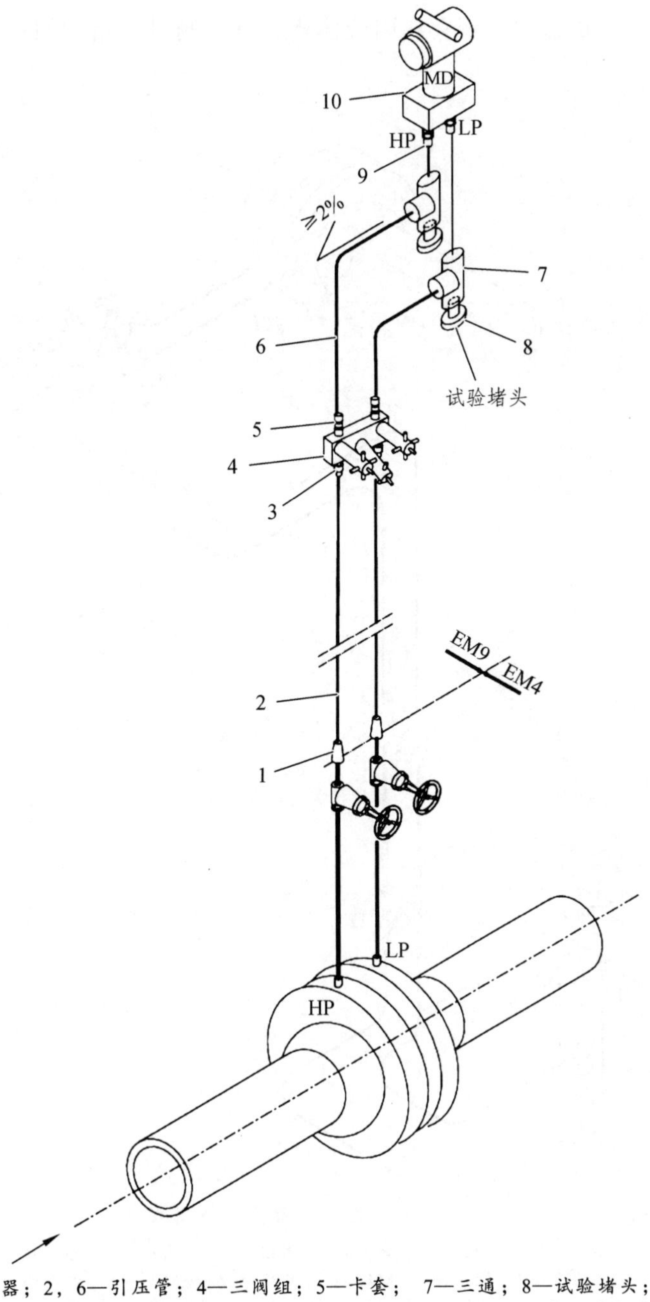

1，3，9—连接器；2，6—引压管；4—三阀组；5—卡套； 7—三通；8—试验堵头；10—变送器；
HP—高压侧；LP—低压侧；EM4—管道安装部分；EM9—仪表安装部分。

图 6-51 气体流量测量（变送器）

（9）液体流量测量（变送器）：在测量蒸汽流量时，差压变送器的测量管路内，充满了蒸汽冷凝液，开表时，若三阀组的 3 个阀门都同时处于开启状态，就会造成管路内的冷凝液流失，使蒸汽进入导压管，从而导致仪表不能工作。

在测量一般液体流量时，差压变送器的测量管路内全部充满液体介质，当三阀组的 3 个阀都处于开启状态时，不存在因液体流失进入测量管路的问题（见图 6-52）。

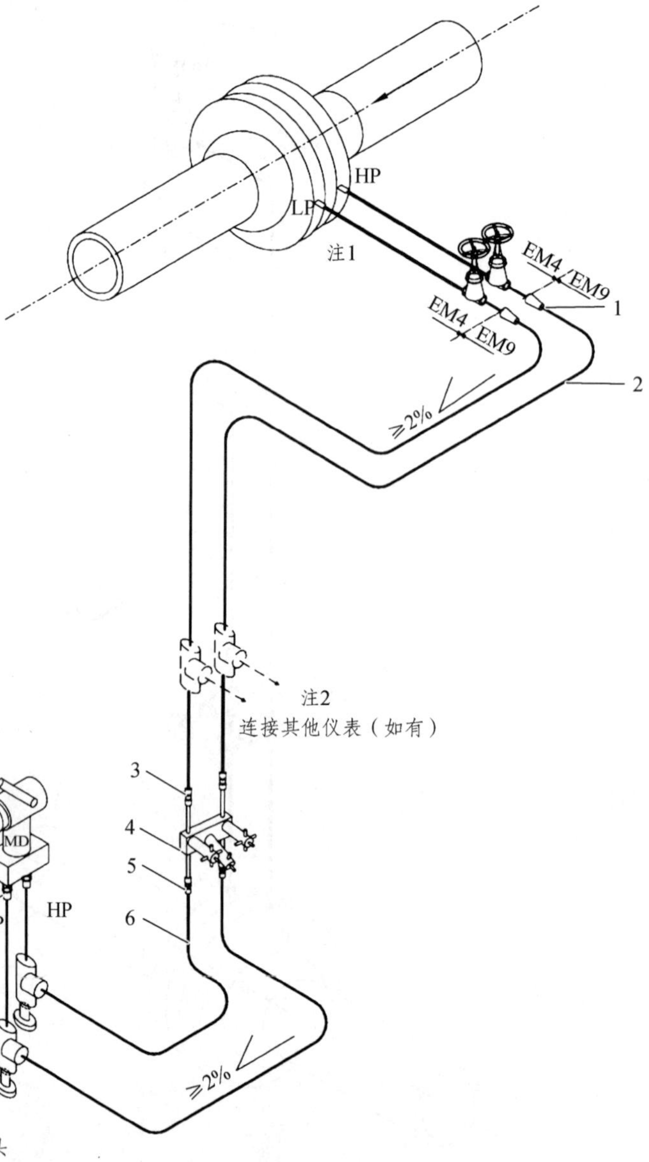

1，9—连接器；2，6—引压管；3，5—卡套；4—三阀组；7—三通；8—试验堵头；10—变送器；
HP—高压侧；LP—低压侧；EM4—管道安装部分；EM9—仪表安装部分。

图 6-52　液体流量测量（变送器）

（10）流量测量（电磁流量计）：基于法拉第电磁感应定律，其传感器部分由线圈、电极和绝缘内衬组成，在测量时传感器中的励磁线圈通电产生磁场。当导电流体通过磁场时，由于切割磁力线的作用力，产生微小的感应电动势，由电极将这些微小的感应电动势采集，并输送至仪表的转换器部分，对信号进行放大、修正等操作，再通过公式将其换算成相应的流量数据，最终显示到仪表或输出到上位机系统（见图 6-53）。

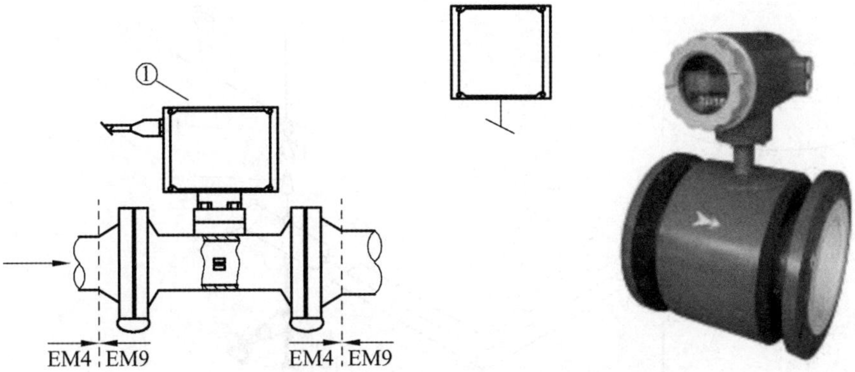

①—电磁流量计；EM4—管道安装部分；EM9—仪表安装部分。

图 6-53　流量测量（电磁流量计）

（11）流量测量（转子流量计）：根据节流原理测量流体流量，但是它通过改变流体的流通面积来保持转子上下的差压恒定，故又称为变流通面积恒差压流量计，也称为浮子流量计（见图 6-54）。

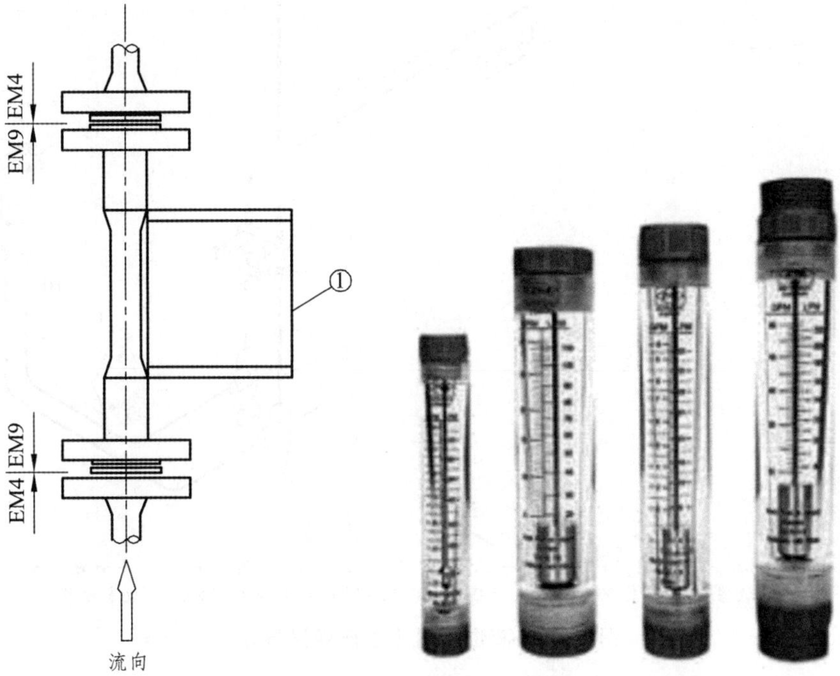

①—电磁流量计；EM4—管道安装部分；EM9—仪表安装部分。

图 6-54　流量测量（转子流量计）

（12）液位测量（差压变送器）：差压交送器通常用于测量空闭容器内的液位，利用液体自身重力产生的压力差来测量容器内液体的液位。其高压侧测量管由于蒸汽凝结，始终处于充满水状态，保持压力恒定，而低压侧测量管与容器组成连通器，其压力随容器内液位的变化呈线性变化（见图 6-55）。

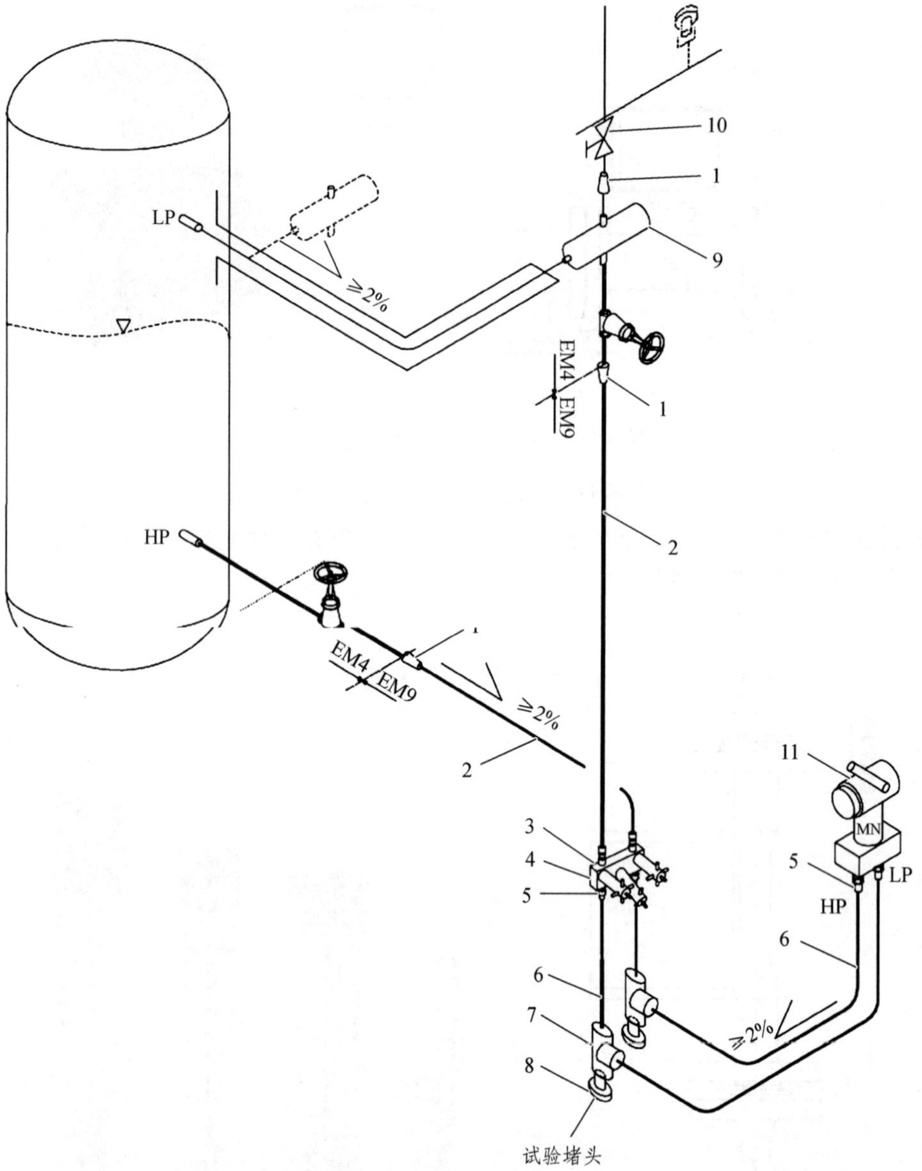

1，5—连接器；2，6—引压管；3—卡套；4—三阀组；7—三通；8—试验堵头；9—平衡罐（缓冲作用）；10—差压变送器；HP—高压侧；LP—低压侧；EM4—管道安装部分；EM9—仪表安装部分。

图 6-55　液位测量（差压变送器）

（13）液位测量（绝对压力表，常压容器）：常压器用 0 ~ 0.1 MPa 量程的压力表。如果压力比较小，可采用千帕表。

压力表（见图 6-56）的选用有如下要求：

（1）选用的压容力表，必须与压力容器内的介质相适应。因为有些介质对压力表所用的材质有腐蚀，对于这种情况应注意压力表所用材质不能与所安装的压力容器内的介质发生物理、化学反应。

（2）低压容器使用的压力表精度不应低于 2.5 级；中压及高压容器使用的压力表精度不应低于 1.5 级。

（3）压力表盘刻度极限值应为最高工作压力的 1.5 ~ 3.0 倍，最好选用 2 倍。表盘直径不应小于 100 mm。

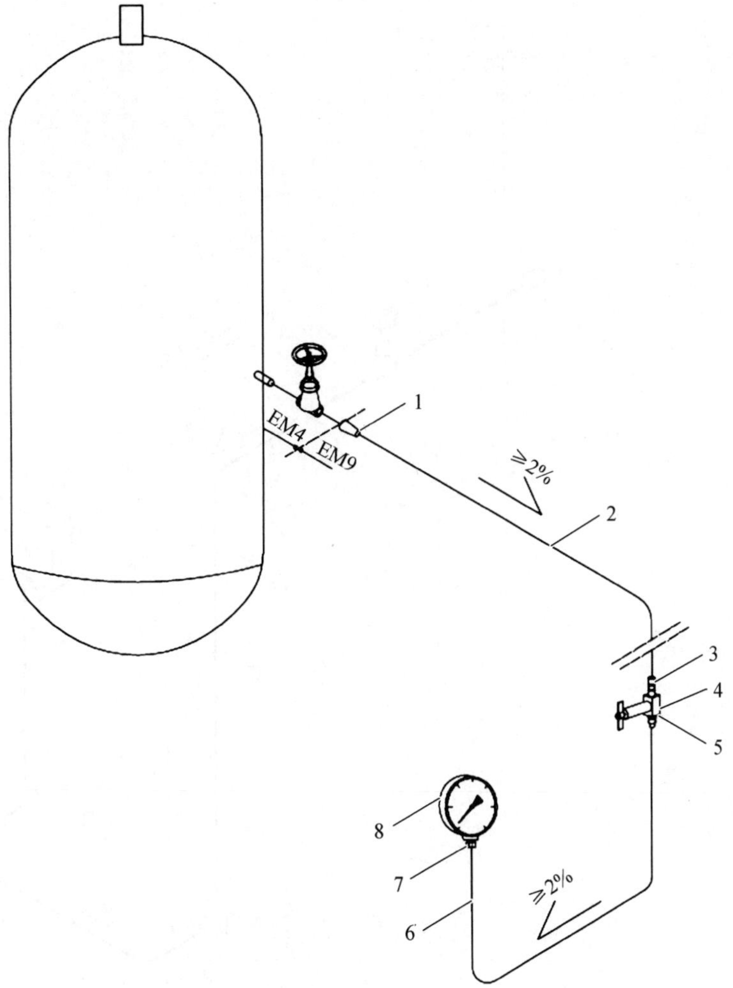

1，5，7—连接器；2，6—引压管；3—卡套；4—阀门；8—压力表；HP—高压侧；LP—低压侧；EM4—管道安装部分；EM9—仪表安装部分。

图 6-56　液位测量（绝对压力表，常压容器）

（14）液位测量（液位开关，常压容器）：液位开关，也称水位开关，液位传感器，顾名思义，就是用来控制液位的开关。从形式上主要分为接触式和非接触式。常用的非接触式开关有电容式液位开关，接触式的浮球式液位开关应用最广泛。电极式液位开关、电子式液位开关、电容式液位开关也可以采用接触式方法实现（见图 6-57）。

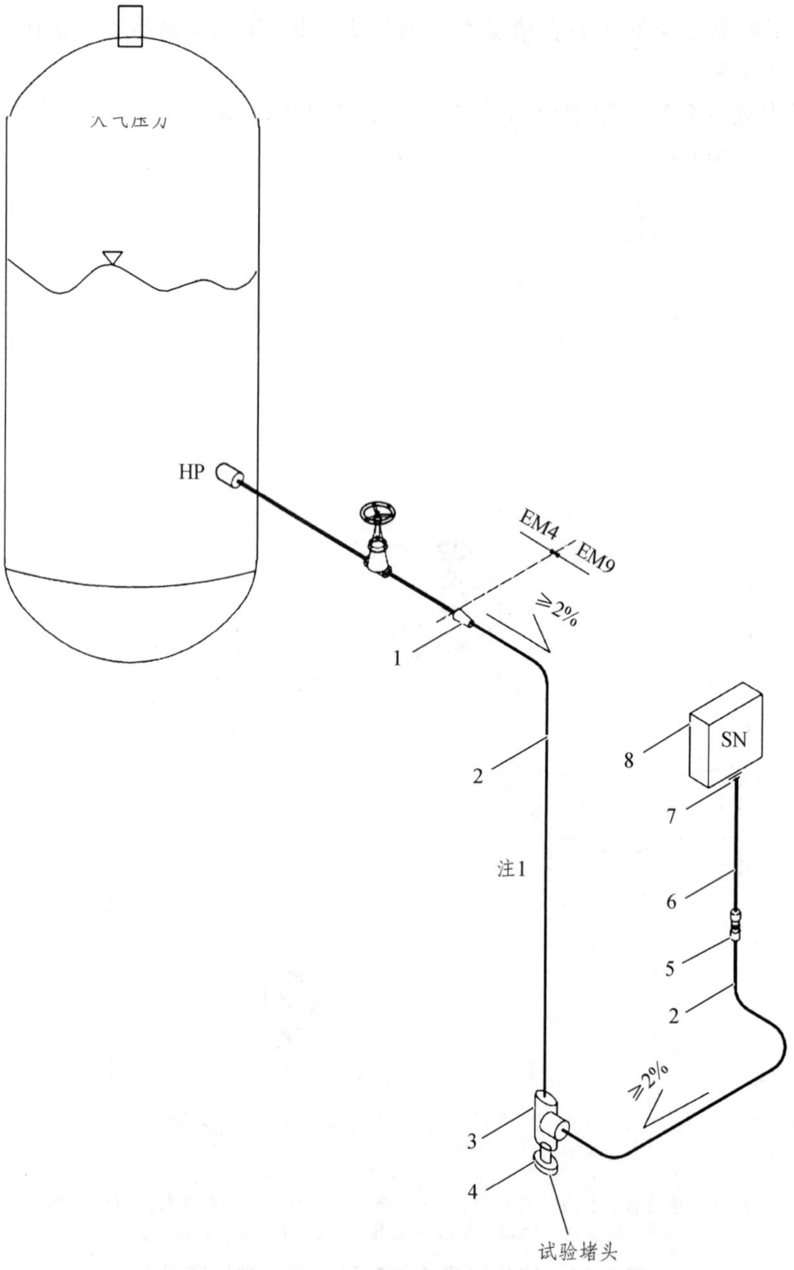

1，7—连接器；2，6—引压管；3—三通；4—试验堵头，阀门；5—卡套； 8—液位开关；
HP—高压侧；LP—低压侧；EM4—管道安装部分；EM9—仪表安装部分。

图 6-57　液位测量（液位开关，常压容器）

参考文献

[1] 张东风，片秀红. 热工测量及仪表[M]. 3 版. 北京：中国电力出版社，2015.
[2] 曾蓉，成福群. 热工仪表检修[M]. 北京：中国电力出版社，2013.